JN069728
短い足がキュートな
マンチカンのプリン
マイナビ

プリンちゃん
0さい

お家に来て１週間ぐらいのプリンちゃん

カメラも初めてみるよ！

プリンちゃん
1さい

本邦初公開！
YouTubeでは見られない！

プリンちゃんのアルバム！

だいぶお家になれてきたプリンちゃん

プリンちゃん
2さい

はじめて被りものを被ったプリンちゃん

ママが洗濯物を干している姿をじーと見つめているよ

プリンちゃん
3さい

3歳になりかんろくがでてきました！

プリンちゃん
4さい

動画をはじめたのも この頃！

ごろんと一息！

新しいソファーの上がお気に入り

プリンちゃん
6さい
昔からタオルをフミフミする癖があるプリンちゃん

どんなに触られても嫌がりません！

プリンちゃん
7さい
12時ごろのひなたぼっこが気持ちいい♪

プリンちゃん イベント

バレンタイン

バレンタインにハートの帽子！

プリンちゃん
イベント

タキシード姿

パパ・ママの前撮り用のタキシードを試着してみました！

もくじ

巻頭グラビア

第1章 プリンちゃんプロフィール …… 15

QRコードについて

QRコードをスマートフォンで読み込むと動くプリンちゃんをYouTubeで見ることができます。

第1章

プリンちゃん
プロフィール

まずは自己紹介！

もっふもふの癒しの存在！
短足マンチカンのプリンちゃんって？

プリンちゃんを飼う きっかけは家族の紹介

2014年3月18日にマンチカンのプリンちゃんが今の飼い主のパパとママの家にお迎えされました。きっかけは、ママのお姉さんの紹介で知り合った元飼い主さんが、「困っている」という話を聞いたことから始まります。

女性一人でたくさんのネコちゃんと暮らしていた元飼い主さん。3匹のマンチカンが生まれた時、これ以上一人でお世話するのは、今いるネコちゃんのためにも、生まれた子にとっても、良いことではないと判断をされました。

でも、自宅で生まれた大切なネコちゃんを、無責任な飼い主さんに引き渡すわけにはいきません。

そこで、元飼い主さんはママの家族に「困っている」と相談しました。家族から聞いたママは「わが家でぜひお迎えしたい！」と、すぐに名乗りを上げたそうです。

ママが最初にプリンちゃんと会った時、3兄弟の1匹として、新しい飼い主さんを待っていました。他の兄弟は色の濃いブラウンの毛色をしていて、ママが昔、飼っていたネコちゃんと似た毛色でした。ママは新しくお迎えする子は、実家の子とは違う毛色にしたいと考えて、ゴールド・ヘアーのプリンちゃんを選んだのです。

今ではママとパパの大切な家族の一員となったプリンちゃん。実は、お迎えするという相談は、パパさんにはちょっとだけ後回しになったそう！

でも、お迎え後はママさん以上にプリンちゃんを溺愛《できあい》。優しくて、理解あるパパさんなのでした。

ちょっと プロフィール

甘えん坊なマンチカンの男の子。生年月日は2014年2月4日。パパとママと暮らしています。

YouTubeで大人気！

YouTubeのネコちゃんカテゴリーでトップクラスの人気を集めているほか、Instagramでも大人気です！

YouTubeをはじめたきっかけは？

プリンちゃんの動画をUPし始めたのは2019年10月からです。UP以後、閲覧数は急激に増えて、2021年7月現在、約7300万を超えています。ネコちゃんカテゴリーでは日本で多く閲覧されているネコちゃん動画のひとつとなっています。

プリンちゃんは、もともとInstagramでたくさんの写真を掲載して、人気を集めていました。Instagramのフォロワーさんから「動くプリンちゃんも見てみたい」という声をもらうようになったそう。

またママの友人から「インスタで人気があるならYouTubeで動画を出してみたら？」と言われ、YouTubeを時折見るようになりました。

YouTubeを見始めた頃は人気犬種の動画をよく見ていました。動画でワンちゃんのかわいい姿を一ファンとして楽しんでいたそうです。

見ているうちに、ママはプリンちゃんでYouTubeをやってみようかな、という気持ちがどんどん強くなってきました。

最初はいろいろ試行錯誤していましたが、ありがたいことに、動画を視聴してくれる新規のファンも徐々に増え、閲覧数も増え続けています。現在もYouTubeのコメントに寄せられるファンからの「かわいい」や「大好き」という書き込みには、元気づけられ、励まされていると言います。

ママはいつ動画をつくっているの？

今は基本的に、自宅で動画の編集作業をしています。

私たちはいつも楽しく動画を見ていますが、定期的にUPするためのプレッシャーを想像すると、ママはいつも大変だなと思います。こんなにかわいいプリンちゃんを、無料で見られるなんて、本当にありがたいことですね！　ホントにママ、ありがとう！

最近はプリンちゃんと長く一緒にいれる時間が増えたため、プリンちゃんと向き合いながら、よりよい動画づくりを心がけているそう。かわいい動画は、ママのたゆまぬ努力の賜物でした！

フォロワー目線がポイント

見ている人がプリンちゃんと一緒に過ごしているように感じられるように撮影・編集をしています。

YouTube投稿で大変なことと、こだわりとは……

「たくさんの人が見てくれるのは本当にうれしい」とプリンちゃんのママは言います。基本的に楽しんで動画をUPしているため、大変なことはとくにないとのことでしたが、人気が出てくるにつれ、ママは「こんな単調な動画でいいのかな？」と心配になってしまうことも。でも、コメントでは「かわいい」「自分で飼っているみたい」とリアルな日常を喜んでくれています。ママは「～してみた」的な企画をプリンちゃんに無理強いするのではなく、プリンちゃんとの丁寧な日常を見てもらえるように、フォロワー目線での動画作成を心掛けていました。

プリンちゃんの
カ・ラ・ダについて知ろう

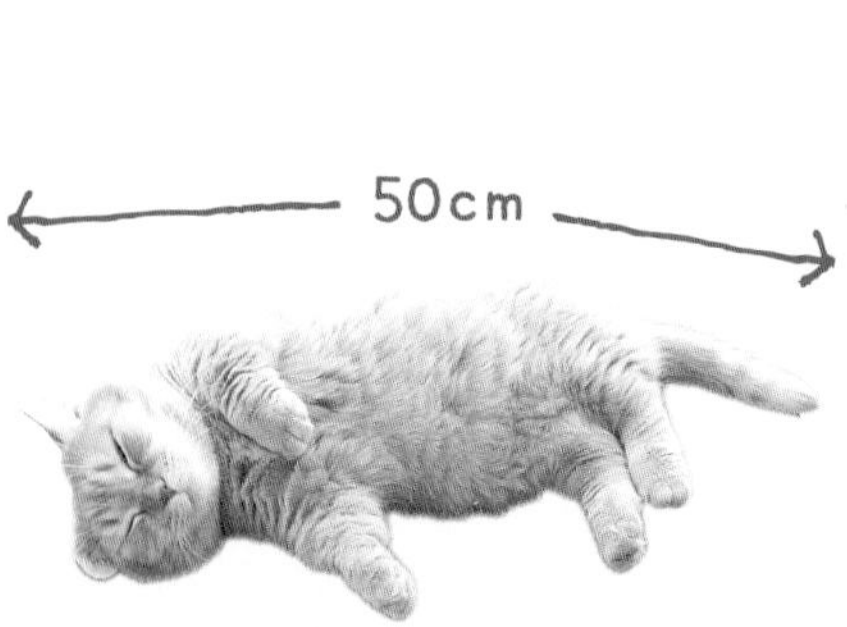

そもそもマンチカンってどんな猫種《びょうしゅ》なの?

マンチカンは人工的に掛け合わせてつくりだされた猫種《びょうしゅ》ではなく、突然変異的に発生した種を、1980年以降、本格的にブリーディングされた猫種です。普通は長足と掛け合わせるため、短足の猫が生まれる確率は2割と低く、短足は種としても貴重なのでした!

名前は英語の「マンチキン(Munchkin)」に由来しています。マンチキンは、〝子ども〟や、〝小さい〟という意味がある言葉で、猫の血統登録機関※TICAの規定では、成猫《せいびょう》の体重は約2~4キロと、猫種《びょうしゅ》の中ではやや小さめ。一番の特徴は、かわいい短い足です。短足でも、筋肉は発達しているので、ジャンプ力もあり、俊敏に走ります。

ここが違う!

標準的なマンチカン	VS	プリンちゃん
約2~4キロ	体重	3.7キロ
約60cm	大きさ	50cm
男の子、女の子	性別	男の子
ゴールド・イエロー・ヘーゼルなど	瞳の色	ゴールドとイエローの中間ぐらい
被毛の色は白や黒、茶色やクリームなど	毛の色	ゴールドに縞入り
長毛もしくは短毛など	毛の長さ	ショートヘアー(約1~2cm)
短足	体型	短足
穏やか、好奇心旺盛、人間に慣れやすいなど	性格	甘えん坊で優しく穏やか。犬みたいと言われます

※ TICA:国際猫協会(The International Cat Association)世界最大の遺伝子猫登録機関です。

幸せなクリームパン

ぱふぱふ！前足

かわいいお手てを使って どんなことをする？

前足を上手に使っていろいろなことをするプリンちゃん。後ろ足で立ち上がって前足でチョイチョイっとする姿を思い浮かべるだけで笑顔になってしまいますね！

動画では、プリンちゃんがソファーに寝て、前足でママをつついて誘うシーンがあります。前足の使い方が意外と器用！　また、ママの手を挟んで、離さない時は、とっても強い力だそう。

ママはかわいい前足をクリームパンに例えていますが、世界一かわいいクリームパンです！

前足をしっかり見たい人には、動画「短い手足でママの腕にしがみついてくるマンチカンが可愛い！」がおすすめ。

大嫌いな爪切りは 大好きなアレと同時に…

実は爪切りが苦手なプリンちゃん。抱っこして切ると、短い後ろ足でママの腕を前にケリケリ蹴ってきます。

爪切りは定期的にやるのですが、気配を察して逃げるのがプリンちゃんの賢いところ！　どうして嫌なことを察することができるのでしょうか？　すごい能力です！

ママは爪切り嫌いなプリンちゃんのために、プリンちゃんが機嫌のよい時を狙って切っています。特に、パパに耳掃除をしてもらいながら、ママが爪切りをすると、おとなしく切らせてくれるそうですよ。かわいいですね！

クリームパンのような前足の
動画をcheck!

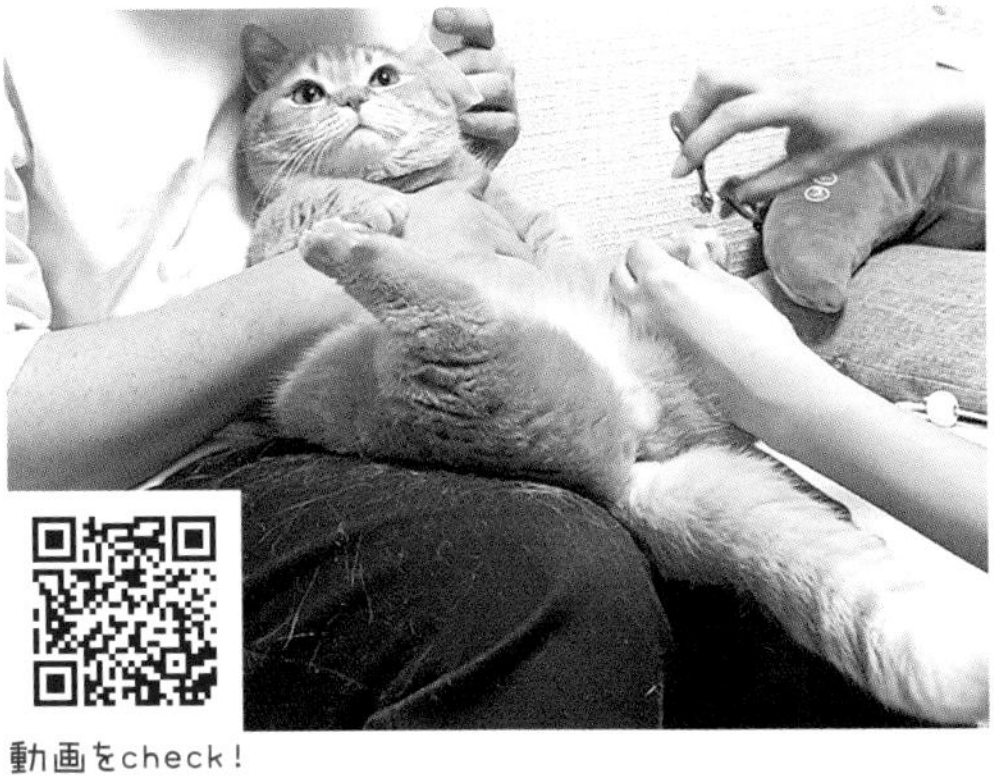

動画をcheck!

嫌いなことは少しずつ

爪切りは嫌いなので、一度にやらず、プリンちゃんにストレスのないよう、2～3本ずつ切っています。

香箱すわりも OK!

短い足でちゃんと関節が動くから、何でもできちゃう「あんよ」。香箱姿だってできちゃうもん!

とことこ歩く！
超絶・悶絶・かわいさ爆裂♪

ふかふか！ 足

マンチカン最大の魅力・足

プリンちゃんは全身「かわいい」でできていますが、特に動画内ではママを追って歩く姿にハートを奪われる人がたくさんいます。一生懸命にとことこ歩く姿は、マンチカンならではの魅力のひとつでもありますね！

短いと不自由なのかと思いきや、遺伝子の研究によると、この短い足は自然発生したもので、足の機能としては普通の長さのネコちゃんと、まったく同じ。「ただ短いだけ」なんですね！ プリンちゃんもこう見えて（？）走るのが速くて、俊敏に動きます。爪とぎなど嫌がる時の後ろ足パンチは結構効くそうなので、いつかプリンちゃんパンチを受けてみたいですね♪

お気に入りの爪とぎは プリンちゃんのPの形

プリンちゃんの爪は白くて半透明。いつもはちゃんとしまっていますが、時々、爪を出してバリバリやります。最近、ママが買ってくれたお気に入りが、段ボール素材でプリンちゃんのPをかたどった爪とぎです。結構気に入って、喜んで使っています。

お気に入りのＰ型の爪とぎ

いつまでもずっと握りたい…

ぷにぷに！肉球

プリンちゃんの肉球の色はピンク！

プリンちゃんの肉球の色は薄いピンク。よく、肉球に黒や茶の色が入っているネコちゃんがいますが、プリンちゃんの肉球は全部ピンクなのです。なんだかプリンちゃんらしく素敵ですね！

ママさんは肉球に対して「特に、肉球とかカラダの部分にこだわりはない」とのことですが（あたり前ですね！）、「肉球の間から少し毛が生えているところが好き」と、こっそり教えてくれました！　肉球からはみ毛、かわいすぎませんか!?　器の大きなプリンちゃんはどこを触っても怒りません。肉球を触らせていただきましたが……柔らかくて幸せ！　ぷにぷにしてる！

ネコちゃんの肉球の皮は厚い ぷにぷに以外に役立つことも！

ぷにぷにの肉球は、プリンちゃんだけではなく、ネコちゃんの魅力のひとつでもありますね。この肉球部分はとっても厚い皮膚で覆われていて、カラダの皮膚が０．０２～０．０４ミリほどであるのに対して、肉球は1ミリ程とかなり厚くなっています。厚いクッションの役割をもっているので、地面からの衝撃を和らげることもできるのですね！

プリンちゃんは音を立てずに歩くこともできますが、肉球はそっと歩けるような機能を備えています。また、顔を前足でくるっと洗う時も、肉球が役立っています。

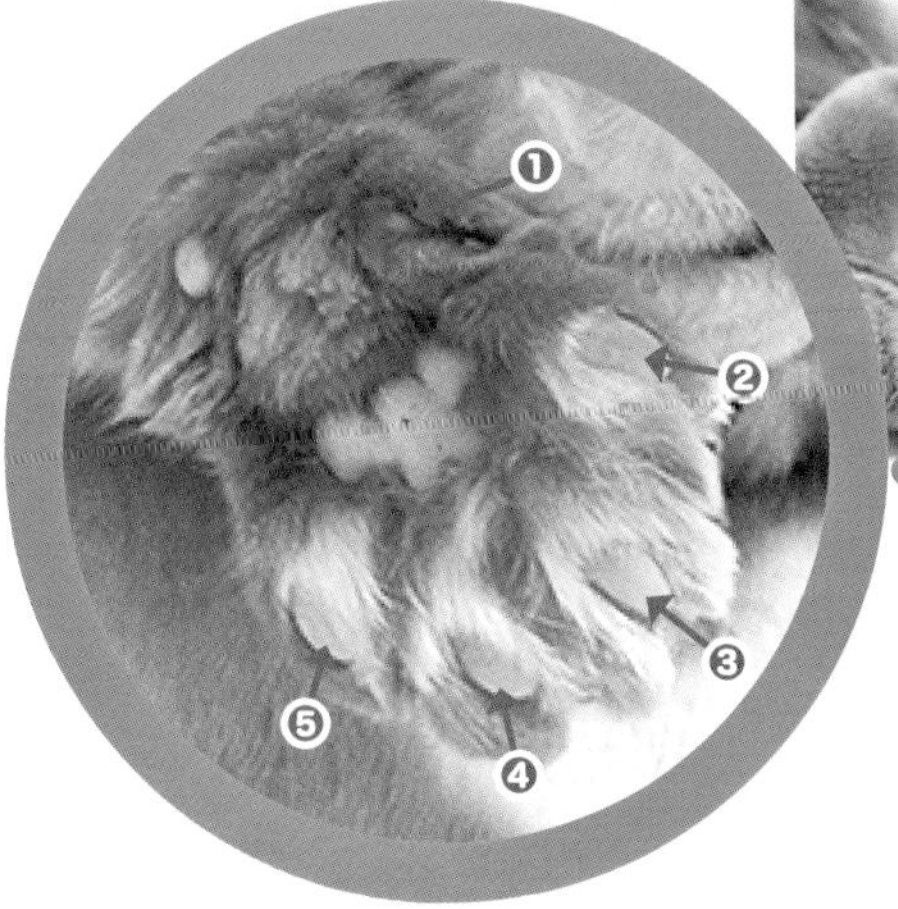

❶は見えづらいけど、人間で言うと親指に相当する指がここにあるよ！　基本的に後ろ足にはないよ！

前足の指の肉球は5つ

普通は「肉球」と言っていますが、正式には「蹠球(しょきゅう)」と言うそうです。難しくて書けない!?

後ろ足の指の肉球は4つ

前足と後ろ足では指の数も肉球の形も結構違うものですね！　プリンちゃん、教えてくれてありがとう！

後ろ足は指４本！
肉球のピンク色がかわいい！

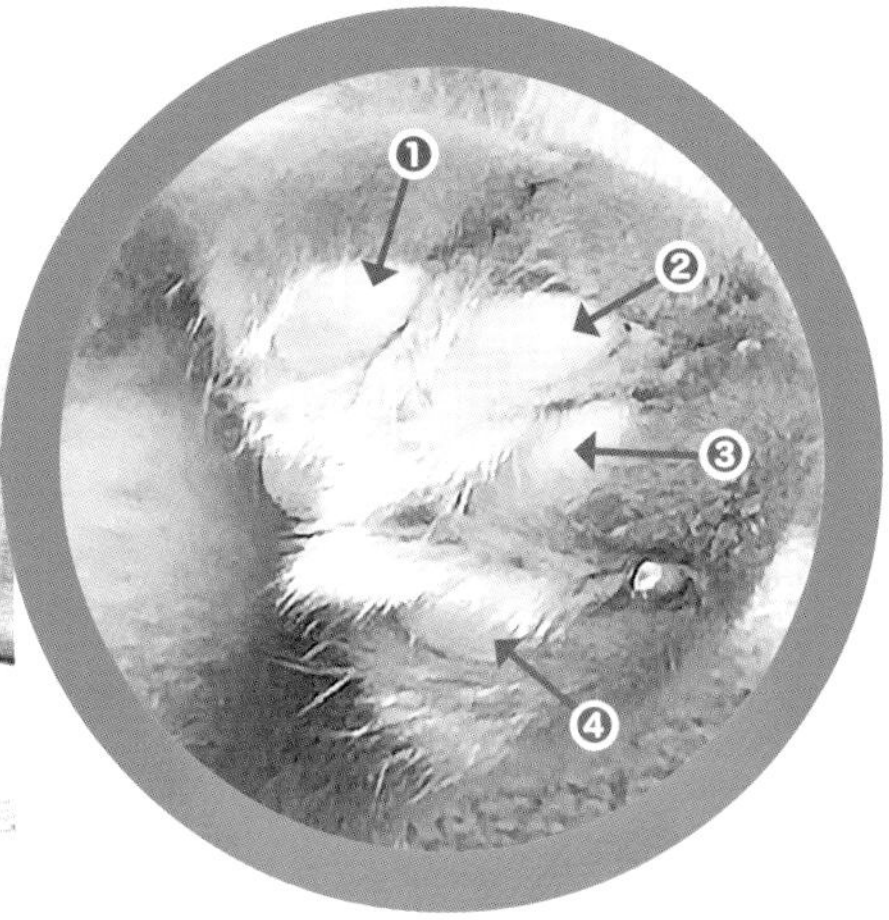

よく聞こえるお耳

人間の４倍以上もよく聞こえるから、ママやパパの帰りも、すぐに音で気が付いちゃうね！

ふつうの時はぴーんと立っているよ

興奮していたり怒ったりする時によくイカ耳になるよ！

なかみはピンクのかわいらしさ！

ぴくぴく！お耳

くるんと自由自在、イカ耳にもなるよ！

プリンちゃんは立ち耳です。耳の正面には横毛が生えていて、中は肉球と同じ薄いピンク色をしています。音や振動でくるくる、ぴくぴく、よく動きます。耳には約27の筋肉があり、これらのはたらきで、ネコの耳は約１８０度、動くことができるそう。プリンちゃんの耳も自由自在に動かせるのですね！

よく「ネコちゃんの感情を知るには耳を見ること」と言われますが、プリンちゃんも心の動きと連動して、動きます。警戒していたり、怒ったりすると、ぺたっと横になって「イカ耳」にもなってしまいます！　耳までかわいいなんて、罪ですね～♪

耳掃除は大好きなことのひとつ

ネコの耳は、頻繁に掃除しなくても大丈夫ですが、汚れがたまってしまうとダニの寄生や外耳炎などにかかりやすくなります。プリンちゃんは耳掃除が大好き！　子どもの頃から嫌がりません。やっている間はとってもおとなしくて、気持ちがよくなるとうっとりと目を閉じてしまいます！　平均して月に1回、行っていて、道具を持っていくと「耳掃除だ」とわかるとか。

心のデトックスをしてくれるプリンちゃんの瞳！

きりり！お目め

じっと見つめていると嫌なことを忘れちゃう！

ちょっと辛いことがあっても、プリンちゃんの目を見ていると、どんどん心が浄化されて、嫌なことを忘れさせてくれる。そして、悩んでいることが、どうでもよくなっちゃう……そんな気持ちになる時があると、プリンちゃんのママは私たちにこっそり教えてくれました。究極の心のデトックスをしてくれる、プリンちゃんの美しい目。奇跡のような癒し効果があるのですね！　誰もがとりこになるその瞳。ネットを通してとはいえ、そんな瞳の持ち主に出会うことができた奇跡に、感謝したい気持ちになります。プリンちゃん！　あなたはもしかして、癒しの猫神様!?

ちょっと切れ長でクールなハンサム系です

見ていると吸い込まれてしまいそうになる美しいプリンちゃんの瞳。まん丸でくりくりした感じではなく、ちょっと切れ長でキリリとしたクールなハンサム系。きれいな美しい形をしています。目の色はゴールドとイエローの中間ぐらいの、澄んだ色です。

優れた動体視力の持ち主

おもちゃをさっと動かしても、すぐに見つけられるプリンちゃん。優れた動体視力の持ち主でした！

明るいところでは目が細くなります。

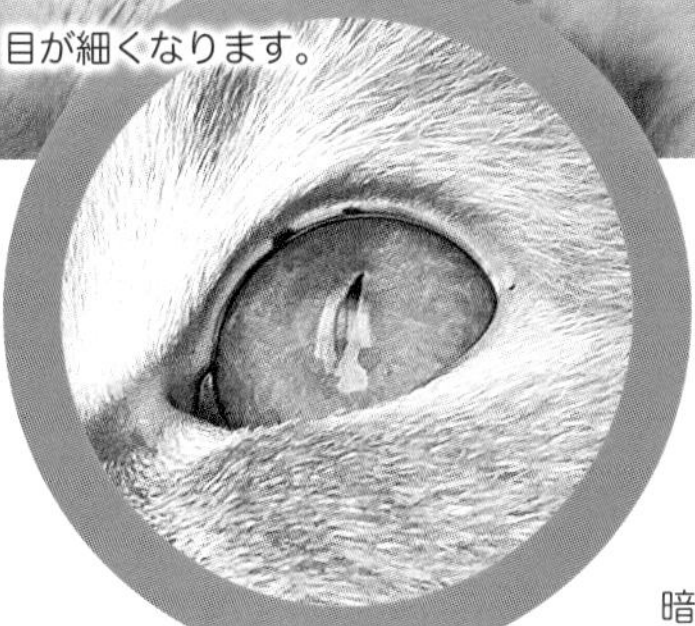

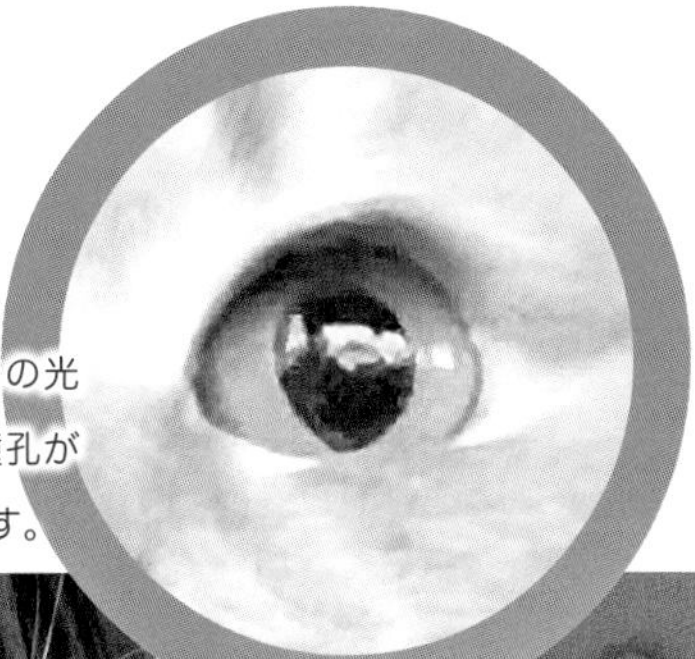

暗いところでは多くの光を取り込むために瞳孔が開いて大きくなります。

横顔はころんとしたお鼻

プリンちゃんのお鼻は横から見るところんとして、ちょっとぺったりのかがみもち系。キスしたくなる！

ぴくぴくかわいい！
ピンク色のかがみもち系

ぴくぴく！ お鼻

プリンちゃんの好きな匂いはパパの服の匂い!?

好きな匂いを嗅ぐ時は「幸せそうなうっとり顔」になるプリンちゃん。大好きな匂いはやっぱりごはんと、パパとママの匂いです。仕事から帰ってきて脱いだパパの服の上に乗って寝るプリンちゃんは、特に幸せそうなお顔をするそうですよ！

　ママはごはんの匂いも大好きなプリンちゃんの健康のために、食事もきっちり管理して、余計なおやつを与えないようにしています。だから、プリンちゃんにとって食事の時間は一日の中でも大切な時間なのでした。おいしい香りに包まれて、うっとりするプリンちゃんを想像すると、胸がキュンキュンしちゃいますね！

健康を気遣って、カラダに悪い匂いはシャットアウト！

　ママによると、パパの服の匂いなど、大好きな匂いはあっても、嫌いな匂いについては、調べたことがないのでわからないとか。プリンちゃんの健康のために、香水やアロマオイルなど、吸い込むと健康を害するような匂いのあるものは、部屋から徹底的に排除しています。プリンちゃんが正しくかわいがられていることが、よくわかるエピソードですね！

ちくちくかわいい！
寝たり立ったり動きます

ぐ〜ん！ おヒゲ

いつもは自然に垂れているおヒゲ

一般的にネコちゃんのおヒゲは心の動きに合わせて動きや形を変えます。平常心だと自然に垂れて、緊張するとほほ近くにぴったりくっつけます。興奮すると前に突き出るように出てきます。

いつも心穏やかで、平常心を保っているプリンちゃんのおヒゲは、自然に垂れていることがほとんど。優しいプリンちゃんらしい、ナチュラルなおヒゲです。

抜け落ちる頻度や時期は一定でなく、ママも「この時期に、抜けていると感じたことはあまりありません」と言います。神出鬼没なプリンちゃんのおヒゲ、見つけたら、とっても幸せになりそう！

あくびをする時は、前にぐっと突き出ちゃうよ

プリンちゃんはお昼寝大好き！　あくびをすると、おヒゲが前にぐーんと突き出ます。あくびもやっぱり、かわいい！　おヒゲはマズルだけでなく、目の上やあごの下、左右の頬と、全部で合計4カ所から生えています。大事なセンサーの役割を果たしているのですね。

ふわぁ～
あくびでおヒゲが前に突き出してるよ

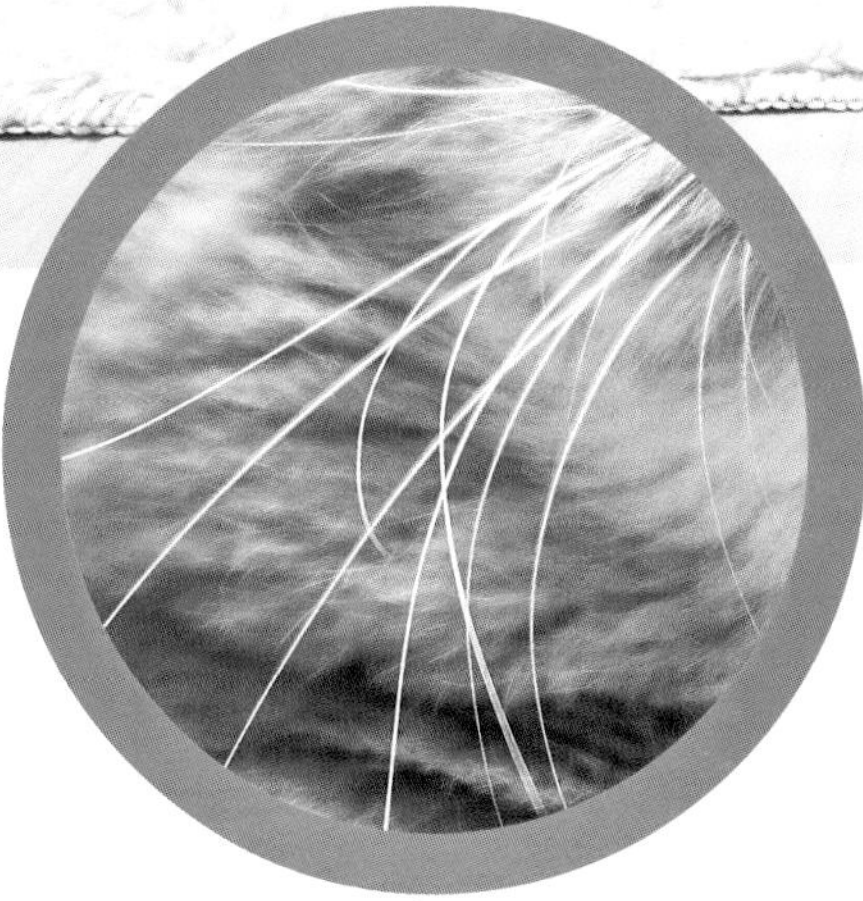

金運 UP するらしい？

ネコちゃんのおヒゲをお財布に入れると金運が UP するという言い伝えが！ プリンちゃんのが欲しい！

check!
普段はおヒゲが垂れてるよ

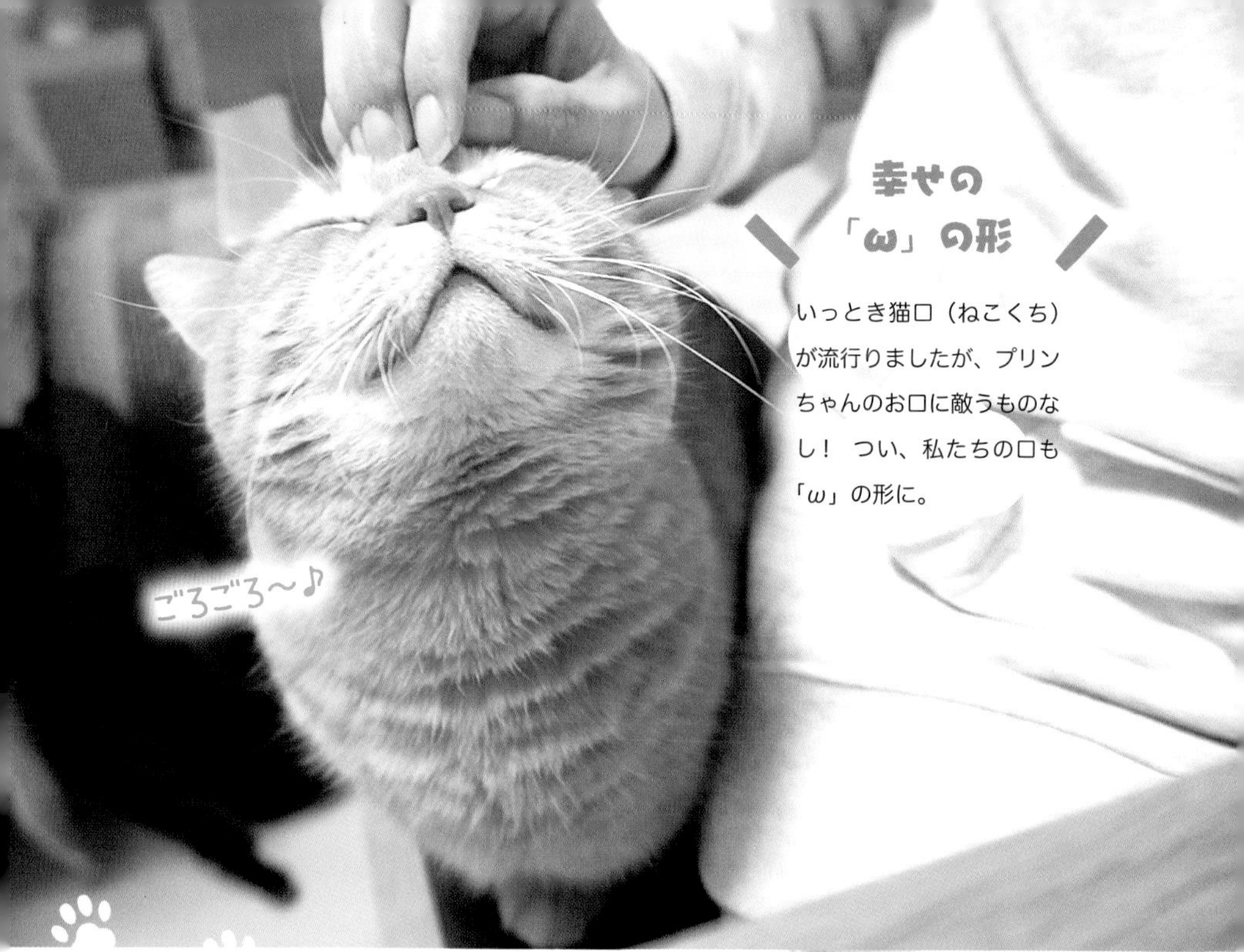

幸せの「ω」の形

いっとき猫口（ねこくち）が流行りましたが、プリンちゃんのお口に敵うものなし！　つい、私たちの口も「ω」の形に。

ん？

動画をcheck！

ぱくぱくかわいい！
ピンクで小さなおちょぼ口

ちょびちょび！お口

ちいさなお口でごはんも
ちょびちょびいただきます！

見た目は小さいプリンちゃんのお口。かわいらしいピンク色をしています。

お口を覆うマズルは、ふっくらまあるく、プリンちゃんファンの間では、特にかわいいと評判です。

かわいいお口でごはんも一生懸命いただきます！　プリンちゃんは上品なネコちゃんなので、ごはんもちょびちょび、少しずつお口に入れて食べます。お水を飲んで、お口にお水がついているところも素敵です。お口の奥には立派な舌と牙。舌は薄いピンク色をしています。牙は立派で、本気で嚙んだら痛いはずなのに、ぜったいに強く嚙んでこないところが、プリンちゃんの優しさなのでした！

アイラインとマズルには
白い毛が生えています

プリンちゃんは全身ゴールドの毛で覆われていますが、マズルとアイラインには白い毛が生えています。マズルから生えているおヒゲは左右対称で横に列をつくって、きれいに並んで生えています。また、目の上の長いまゆ毛も立派でかわいい！

さわると極上の幸せを味わえる

ふわふわ！お腹

横から見ると太っているように見えるけど……

プリンちゃんのお腹は、立って横から見ると、ゆるい皮膚が縦に下がっていて、太っているように見えます。この皮膚がたるんでいる部分のことをルーズスキンと言います。ルーズスキンはネコ特有のもので、外敵から身を守ったり、柔らかいカラダに対応するためのたるみだそう。プリンちゃんはネコちゃんの標準体重である4キロより少なく、見た目と違って、意外とスレンダーなのでした！

いつもは豊かな毛で覆われていますが、2020年に、手術をして、毛を刈られてしまいました。今はピンク色の地肌がうっすら透けて見えていて、さらにキュートさを増しています！

お腹は嫌いじゃないけど触り続けるのはNG！

プリンちゃんが触って喜ぶのは頭、首、お尻の順番です。お尻は普通のネコちゃんと同じようにトントンされるのが大好きなのです。お腹を触られるのは嫌いではないけど、長時間は嫌。なので、ママは「機嫌がよい時にわちゃわちゃする」そうです。うらやまし～い！

横からみるとこんな感じ！

お腹の毛はちょっと長い

背中よりもちょっと長いプリンちゃんのお腹の毛。ふわふわもふもふで、触り心地が抜群なのです。

横からみるとこんな模様！

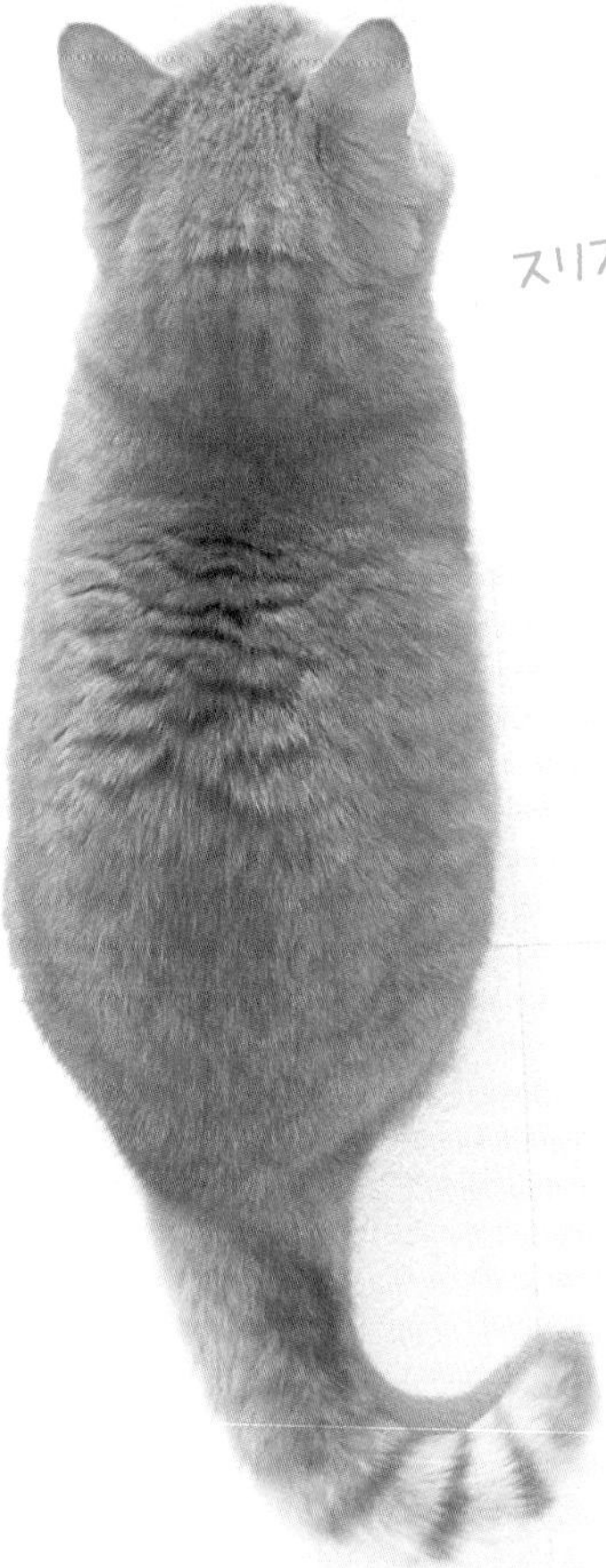

スリスリしたいな〜

人気のお出迎え
動画をcheck！

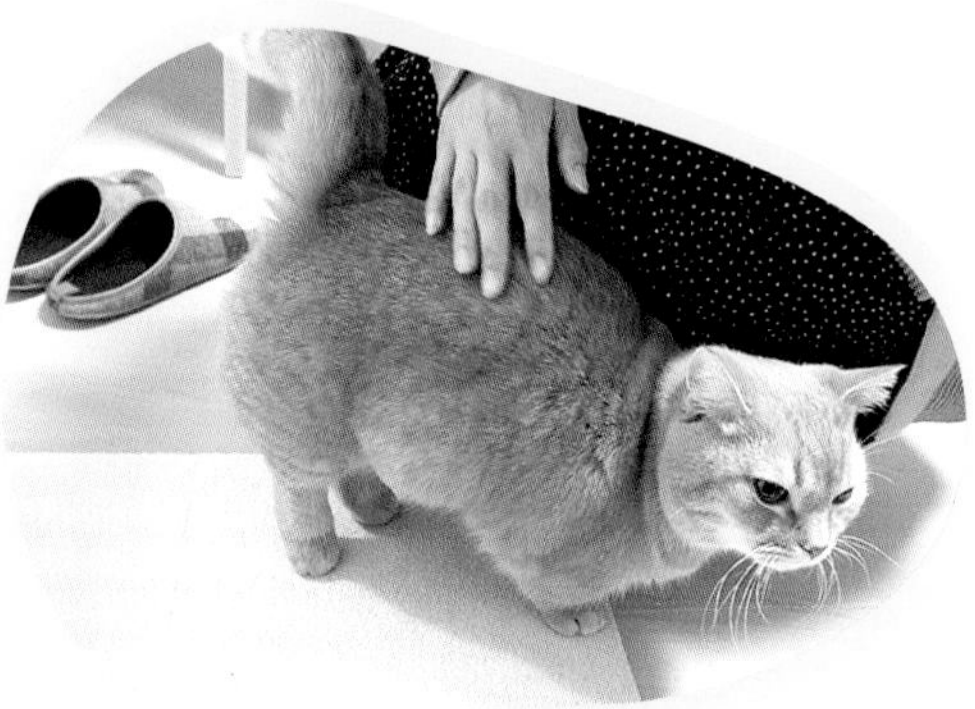

背中はうっすら縞模様

プリンちゃんの背中は、「縞模様が若干入っている」という感じ。しっぽに比べ、縞模様は薄めでした！

しゅしゅっと凛々しい！
背中で語る

スリスリ！ 背中

帰ってくると、背中をこすりつけてくれる幸せ

パパとママが外出先から帰ってくると、背中を高くして側面を足にこすりつけてくれます。

「プリンちゃんの、この「帰宅の喜びシーン」はYouTubeでも人気動画のひとつ。プリンちゃんが嬉しそうに背中を高くして、パパやママの足の間を行ったり来たりするかわいい姿は、何回見ても見飽きることがありません！ このシーンが嬉しくて、パパとママはお家に帰るのが楽しみなのでした！

この行動は、自分と同じ匂いにして、もっと親密になろうというネコちゃんの本能的な行動だと考えられていますが、プリンちゃんと同じ匂いになれたら、幸せですよね！

背中の毛を逆立てて怒ることはめったにありません

座った時や後ろ足だけで立った時の背中はしゅっと凛々しく、クールなプリンちゃんになります。大人のプリンちゃんは、後ろ姿の背中で物語を語ることもあるのかな？ 性格が穏やかでいつもごきげんなので、背中の毛を逆立てて怒ることは少ないそうです。見習いたい！

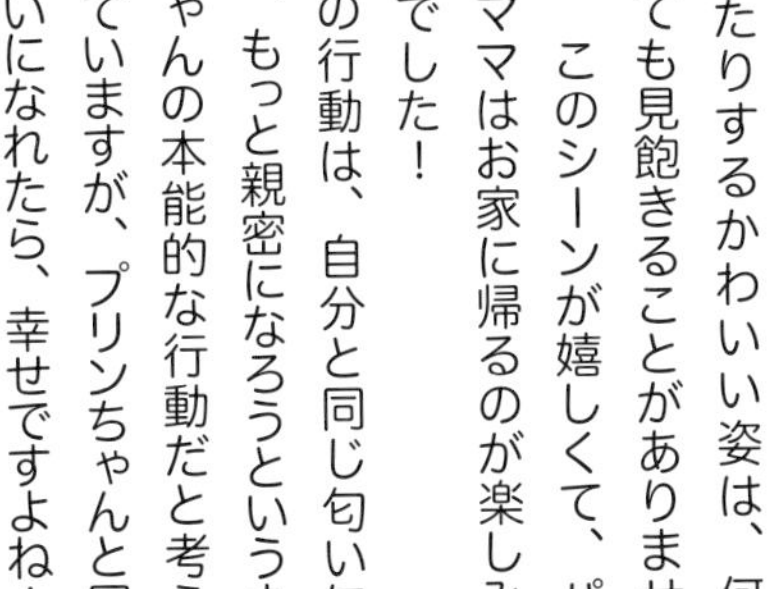

ふりふり・くねくね！
トラ模様

プルプル！ しっぽ

大人のオトコはクール！ 喜怒哀楽を表さない？

あまり動じることのない、穏やかな気質のプリンちゃん。窓の外に野鳥が遊びにきても、関心を示すことがありません。でも、眠っている時はきちんとしっぽをまるめたり、立った時にしっぽで前足をくるんとつつむ、几帳面なところもあります。また、毛並みのお手入れをする時は、しっぽもていねいに舐めて整えます。

しっぽはネコちゃんの重要な喜怒哀楽を表現する手段です。いつも穏やかな気持ちのプリンちゃんは、お迎えになるとしっぽを高く上げ、パパとママを全力でお出迎えしてくれます。

あくびの後、プルプル震わせるしっぽの動きはかわいいとか！

ぺちぺちよく動くしっぽをご覧あれ！

YouTubeにUPされた「気をつけて！誘惑に負けたらしっぽペシペシの刑執行！」では、しっぽがぺちぺちかわいく動く動画がUPされています！また、寝そべってしっぽの先だけが、ぴくぴく上に動くこともあるそうです。

動画をcheck！

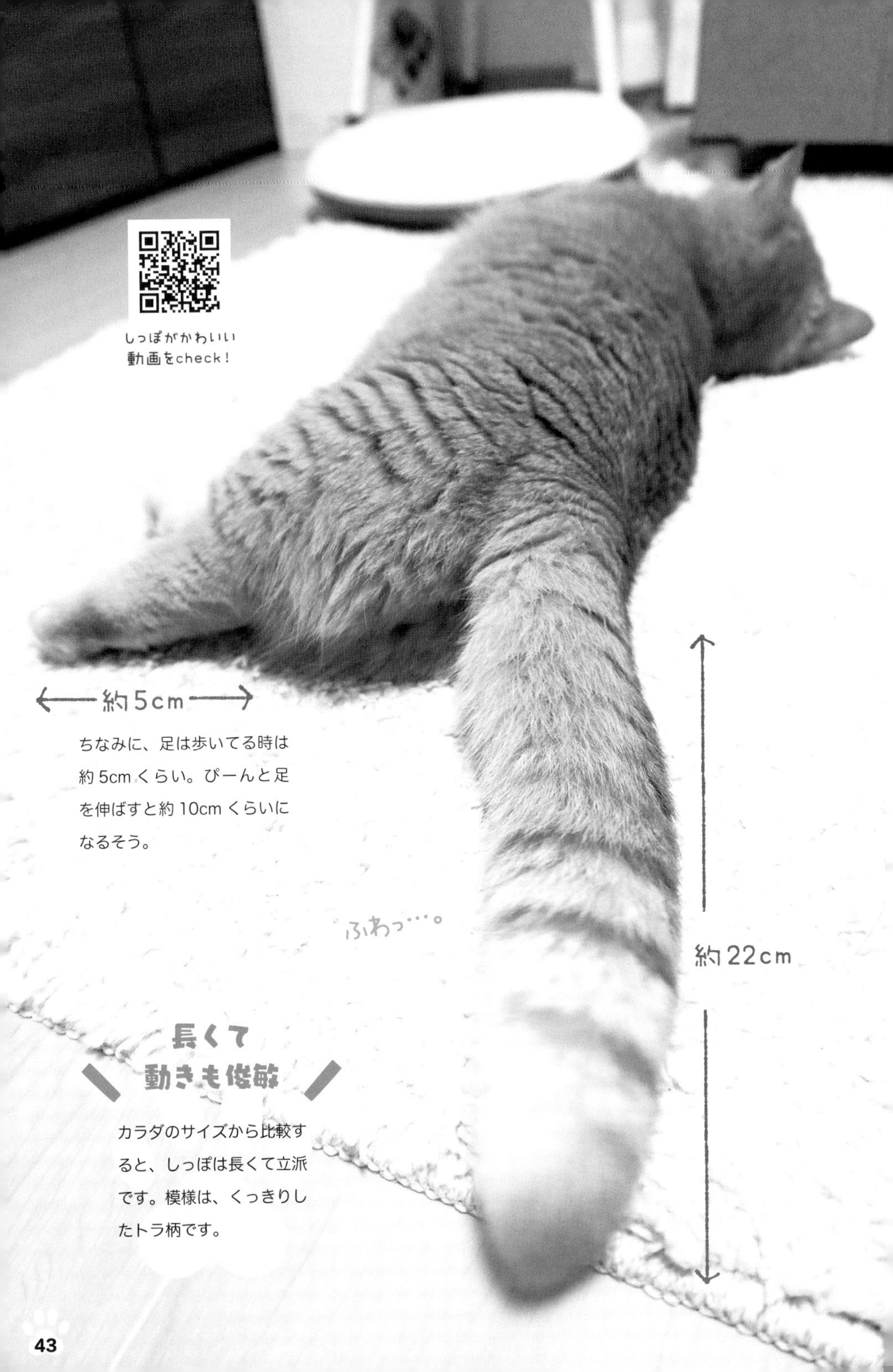

しっぽがかわいい
動画をcheck！

約5cm

ちなみに、足は歩いてる時は約5cmくらい。ぴーんと足を伸ばすと約10cmくらいになるそう。

ふわっ…。

約22cm

長くて動きも俊敏

カラダのサイズから比較すると、しっぽは長くて立派です。模様は、くっきりしたトラ柄です。

かわいい鳴き声を
聞きたい方は
動画をcheck！

特徴的な高くて細い声

普通のネコちゃんのようにニャーンとは鳴かないプリンちゃん！ 鳴き声のファンも多いのです！

大好き！ プリンちゃんの鳴き声

part1 「どんな声？」

とっても印象的な鳴き声の持ち主です

幼いころから「きゃっきゃっきゃっ」と短く鳴いていたプリンちゃん。見た目がかわいいだけではなくて、鳴き声も独特！ プリンちゃんはやっぱり、特別なネコちゃんなのですね！

「声帯を切っているのですか？」と質問されたことがありますが、プリンちゃんの声は生まれつきなのです。不思議ですね。

動画上でも、ちょっとつぶれたような面白い鳴き声をたくさん披露してくれています。他にも面白い鳴き声として「にゃっは」「ぴえん」など。YouTubeタイトルにも「にゃっは」と書かれていますが、本当に「にゃっは」と鳴くのですね！

自然な鳴き声だからこそ感動的に

優しいママは、プリンちゃんを強制的に鳴かせるようなことは一切していません。だからこそ、ふと漏れてしまう自然な鳴き声が、ことさらかわいく感じられるのかもしれませんね。

自然な姿で、リビングで一緒に過ごしているような居心地の良さが魅力です。

大好き！

プリンちゃんの鳴き声

part2 「どんな時に鳴くの？」

ごはんの時は嬉しそうに　お風呂は悲しそうに

　ＹｏｕＴｕｂｅの「ごはんの時間になるとお喋りになる猫が可愛すぎました！」ではごはんが嬉しくて小さく鳴いてしまう、あまりにもキュートな姿に、視聴者が悶絶していました。「世界一かわいい」のコメントは、嘘ではありません！

　また、ママが少し寝坊してしまうと、お腹をすかせたプリンちゃんが「ごはん！　ごはん！」と鳴いてさいそくしちゃうことも。

　また、プリンちゃんはお風呂がちょっと苦手。ＹｏｕＴｕｂｅの「苦手なお風呂で助けを求めて泣き叫ぶ猫が可愛い！」では、お風呂場で「いやああ！」や「だしてー！」とずーっと悲壮感がある表情で鳴いています。

パパとママで鳴き声を変える？

　パパに対する声と、ママに対する声では特に変わりはないそうです。おしゃべりになるのは、大好きな食事の時と、大嫌いなお風呂の時。どちらも心が動いた時に声が出るようですね。

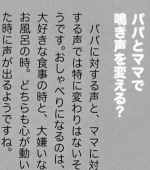

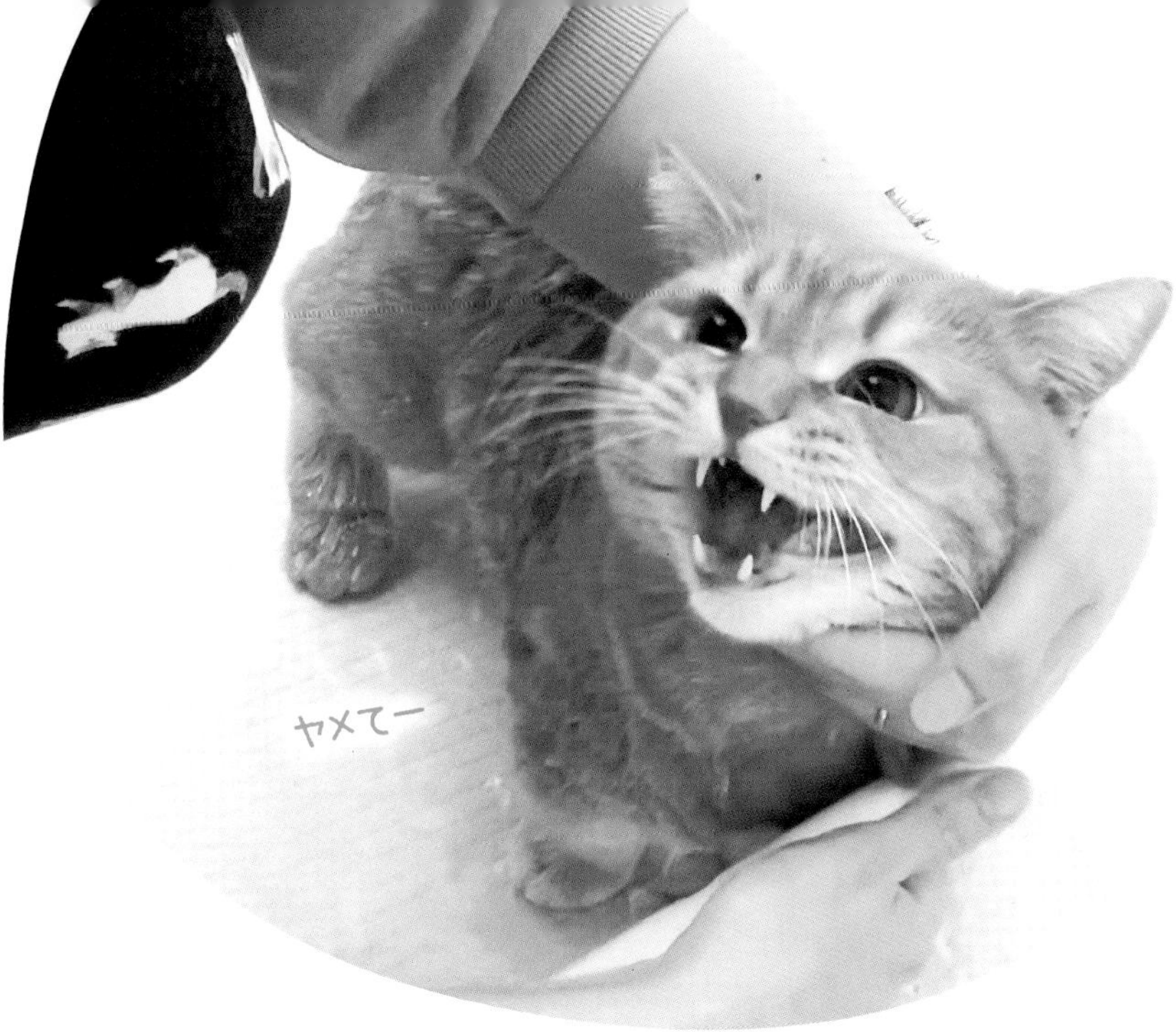

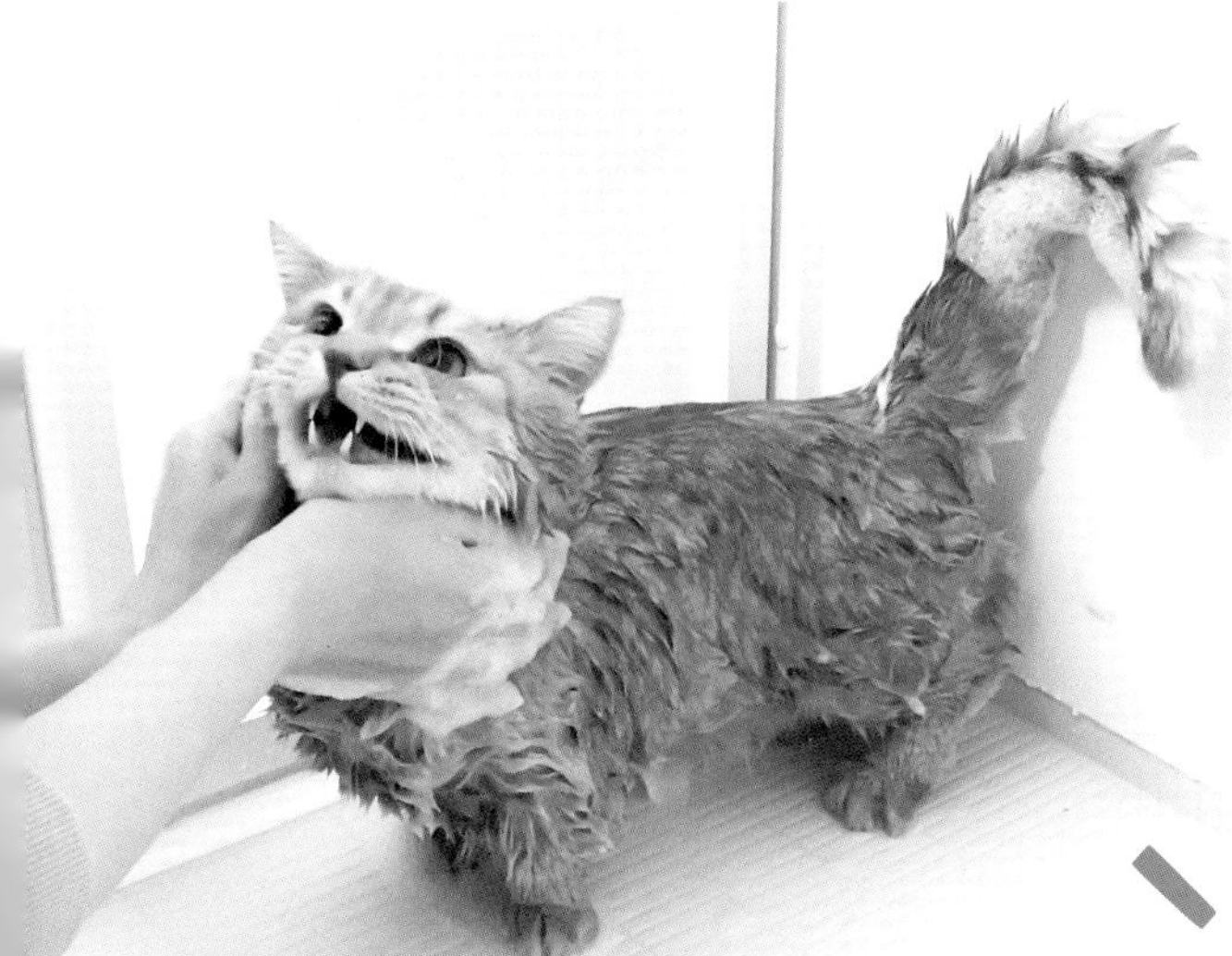

お風呂で 鳴いちゃう

プリンちゃんはお風呂がちょっと苦手です。お風呂場にいる間中、ずっとかわいく鳴き続けていました。

お風呂での鳴き声の
動画をcheck！

ごはんの時の鳴き声の
動画をcheck！

鳴き声をcheck!

会話ができる

ごはんの時のママとの会話は「プリンちゃん、ごはん？」「ごはん！」「ちょっと待って」でした！

大好き！

プリンちゃんの鳴き声

part3 「まるで会話しているよう」

家に帰ると「おかえり」と言ってくれる⁉

プリンちゃんは犬みたいだとママは感じています。おもちゃを投げると取ってくるし、声をかけるとお返事もします。甘えん坊なプリンちゃんは、パパとママのお迎えの時に、時々、「おかえり」と言っているように鳴いてくれます。

プリンちゃんの話し言葉！

プリンちゃんがしゃべる言葉は左記の通りです。

「寝てた」
「おかえり」
「ばかやろー」
「ごはんー」
「開けんかー」
「い゙やああああ」
「とりあえず
中にはいって」

プリン

大好き！

プリンちゃんの鳴き声

part4 「YouTubeで見る傑作編」

ＹｏｕＴｕｂｅでのかわいい鳴き声を一気に紹介！

ＹｏｕＴｕｂｅで大人気のプリンちゃん。そんなプリンちゃんの動画内で、特に声がかわいいと絶賛された作品を紹介します！

普段はあまり鳴かないプリンちゃんですが、一声鳴くと、その特徴的な鳴き声にファンはときめきます。「にゃっはは」や「きゃっきゃっ」はプリンちゃんの特有の鳴き声ですよね！

ＹｏｕＴｕｂｅの「2日ぶりの再会にくっつき虫が止まらない短足マンチカンが可愛すぎる！」では、ママが一泊二日の旅行から帰ってきた時、全力でお出迎え！「おかえり！」や「中にはいって」、ママが元気にしてた!? と聞くと「してたよ！」と元気よく返答してくれます。

口を閉じたまま鳴くことも？

ネコちゃんは口を閉じたまま鳴いたり、サイレントニャーといわれる声が出ない鳴き声を出す子もいますね。動物行動学によると、こうした鳴き声は、猫が自己主張をして、相手に理解を求める時に行うそうです。プリンちゃんとパパやママは意思疎通ができているから、特に何かを伝える必要がなくて、やたらと自己主張して鳴くようなことがないのかもしれません。

「2日ぶりの再会にくっつき虫が止まらない短足マンチカンが可愛すぎる！」

視聴数
NO.1！

ママが帰ってきたことが嬉しくて愛が止まらない！ママ、構って〜とかわいく鳴く姿がかわいすぎる！

動画をcheck！

視聴数
NO.2！

「お風呂が怖くてかわいい鳴き声で叫び続ける短足マンチカン！」

文句を言う割にはおとなしく、シャワーを浴び続けるプリンちゃんの性格の良さが出ている作品。

動画をcheck！

「短足マンチカンの子猫時代が天使すぎる！子猫の頃から鳴き声が特徴的だった！？」

子猫時代の貴重な姿を見ることができます。子猫のプリンちゃん、本当にかわいい！

動画をcheck！

立って監視すること

ほとんどやりませんが、たまにテーブルの上に何かが乗っているかもしれないと、立ち上がって見ます。

テーブルの上には何がある？

しゅたっ！ 立ち上がり

キッチンの調理台の上を見てみたい！

　ママがキッチンの調理台の上で作業をしていると、何をしているのかな？　と、とことこ歩いて見に来るプリンちゃん。ママの足に手をかけて、二本足で立ち上がり、上を見ようとすることがあります。いつもママと一緒に何かをしていたいのかな？

　あるいは、目線が高くなると、調理台の上で、プリンちゃんのごはんを作っていることや、おやつやおもちゃを見つけやすくなるのを、知っているのかもしれませんね。かわいいだけじゃなくて、賢いプリンちゃん。さすが！　それにしても足が短いプリンちゃん。短い足で踏ん張っているところがかわいらしい。

バランス感覚があり、結構長く立つことができる

　ママに「何分ぐらい立っていられますか？」と聞くと、「1分ぐらいかな？　ちゃんと計ったことがないのでわからないのですが、結構長く立っていることもありますよ」と教えてくれました。いつも、まったりゆっくりしているプリンちゃん、実はバランス感覚が抜群でした。

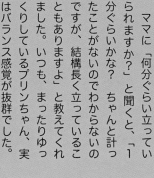

頭から墜落するみたいに寝ちゃう

ころん！寝姿

「プリンちゃんのころん！」は独特なやり方です

いろいろなネコちゃんが、いろいろな寝姿で横たわります。

普通のネコちゃんの場合、まずお尻を下げ、前足を床につけてカラダを平たくさせます。寝っ転がる時は、その姿勢から横へ、お尻とお腹の重心を移して、カラダを横たわらせてから、頭が最後にゆっくり移動するように寝ます。一連の行動は時間をかけて行うのが普通で、プリンちゃんの様に「頭からころん」は、本当に珍しいやり方でした！独特の寝姿がかわいいと評判なのも頷けます！

ＹｏｕＴｕｂｅの「寝室に付いてきて腕の中で一緒に寝る甘えん坊な猫が可愛すぎます！」などの動画ではかわいらしいプリンちゃんの寝姿を見ることも！

他にも寝姿がかわいい動画がたくさん！

ＹｏｕＴｕｂｅ「朝から楽しく遊んでコロンと寝ちゃう短足マンチカンが天使すぎる！」では、楽しくもぐらたたき遊びをしているプリンちゃんや、ころんと寝てしまう姿などが登場します。布団から出るママの手を捕まえようと一生懸命なプリンちゃんに、悩殺される動画です。

動画をcheck！

お気に入りの場所で
お昼寝中！

ころんて寝ちゃうけど大丈夫？

あたまをソファーやベッドに向けて「ころん」と寝っ転がる、独特の寝姿がかわいいと大評判！

甘えん坊な
プリンちゃんを
見たい方はこちら!

廊下でころーんと寝ちゃう
プリンちゃん

コラム

パパのお気に入り！

同じ名前のお気に入りコスチューム「ポムポムプリン」

ポムポムプリンの帽子を被ったプリンちゃんは、ちょっと怒っているような顔に見えませんか？　でも、ママさんによれば、撮影時、プリンちゃんの機嫌はそんなに悪くなかったそうですよ。

　この帽子は百円の「ガチャ」でゲットしたもののひとつ。帽子の色とプリンちゃんの被毛の色が似ていてとても似合っています。パパさんはプリンちゃんのコスチュームの中では一番似合っていると思っていて、お気に入りだとか。

　「ポムポムプリン」は株式会社サンリオのキャラクターで、こげ茶色のベレー帽がトレードマークの、ゴールデンレトリバーの男のコです。公式サイトによると、ポムポムプリンの性格はのんびり屋で、好きな言葉は「おでかけ」、嫌いな言葉は「おるすばん」。くつ集めが趣味で、革ぐつやサンダルなどを、片っぽずつ、こっそり隠しているとか。のんびり屋の性格は似ていますが、プリンちゃんはお家の中でママと遊ぶのが大好きなので、性格はちょっと違いますね！

第2章

プリンちゃんの一日

zzz…

プリンちゃんの一日の行動を探ってみると…

すやすやステキな夢の中

遊ぶ時は本気出す

ごはんタイム♪

パパ・ママおかえりっ!

プリンちゃんの一日に密着してみると……

ママがお仕事中、午前中は基本的にお昼寝で、遊びは夜に集中しているのがルーティーンでした。

ママが職場へ出勤すると、プリンちゃんはパパとママの寝室に行きます。

寝室から時々、リビングへ行ってごはんを食べたり、おトイレをしたり、日向ぼっこをして、飽きるとまた、ひとりで寝室に行って寝ている様子が、ペットカメラで撮影されていました。

そして、パパとママが帰ってきたらあの（！）大歓迎です。夕方から夜にかけては食事をしたり遊んだり、ママとパパとくつろいで、再び一緒に就寝、というのがいつものスケジュール。

プリンちゃんは一日、何をして過ごしているのでしょうか？

時間	プリンちゃんの一日のスケジュール	
8時頃	起床	今日も元気におはよう！プリンちゃん …………… p60
8時半頃	朝ごはん	今朝もおいしくいただきます！ …………………… p62
9時頃	パパとママは出勤	-
10時～17時	遊び	自由時間を楽しく過ごそう！ ……………………… p64
	お昼寝	毎日たっぷりお昼寝するよ！ ……………………… p66
	寝起き	楽しい夢から目覚めた時！ ………………………… p68
	くつろぎ	ゆったり過ごしてエネルギーチャージ！ ………… p70
19時頃	お出迎え	大興奮でお出迎えするよ、大好きパパとママ！ … p72
20時頃	夜ごはん	今夜もおいしくいただけます！ …………………… p74
	お風呂	ちょっと苦手だけどがんばるよっ！ ……………… p76
0時頃	ちょっとハイになって遊ぶ	-
1～2時頃	就寝	寝る場所はいつも決まってママのところ！ ……… p78

さわやかな目覚め♪

今日も元気におはよう！プリンちゃん

「おはよう」という言葉を理解している！

YouTubeの「おはよう！と言うと返事をして起き上がる短足マンチカンが可愛すぎる!!」では、ママが「プリンちゃん、おはよう」と声をかけると、ちゃんと「んんっ」とかわいい声でお返事をします。言葉を理解しているようです。

朝はいつも、パパとママと一緒に起きます。目覚めはよい方で、起きたら大好きなごはんが食べられると、ちゃんと理解しているよう。

お腹が空いて目が覚めることもあるようで、早起きになったプリンちゃん。起きたら伸びをして、ママと一緒にリビングへ。プリンちゃんの一日のはじまりです！

プリンちゃんがママを起こしてくれる理由

なぜママを起こしてくれるのでしょうか？ママの分析によると、それはズバリ「お腹空いたから」。朝、起きてもお腹が空いていなかった頃は、ママが起きるまで一緒に眠っていることが多かったプリンちゃんでした。

check!
お耳 寝起きでもちゃんと立っています

動画をcheck！

check!
前足 クリームパンは朝もほかほか

check!
おヒゲ 朝は特にていねいにお掃除するよ

朝ごはん

大好きな朝ごはん♪

今朝もおいしくいただきます！

プリンちゃんのカラダをつくる大切なごはん

実は、プリンちゃんは、朝ごはんや夜ごはんとして療法食を食べています。プリンちゃんはマンチカンの8割が罹患するという病気で入院・治療していたことがありました。同じ病気にならないよう、病気の予防にもなるフードに切り替えました。

多くの療法食は、なるべくネコちゃんにおいしく食べてもらえるように、味が良いのですが、その分、カロリーも高くなっています。そのためこれまで食べていたフードよりも量が少なくなってしまいました！

また、ごはんと同時に大切なのがお水。給水器は、絶えずきれいな水が循環しているものです。朝起きて一番のお水はおいしい！

プリンちゃんとごはん！食事が変わって…？

病院で病気を予防する療法食を与えるように指示された時、ママは食べるかな？　と心配しましたが、プリンちゃんは食事が変わってもちゃんと食べてくれました。食べている姿を見た時はホッとしたそうです。

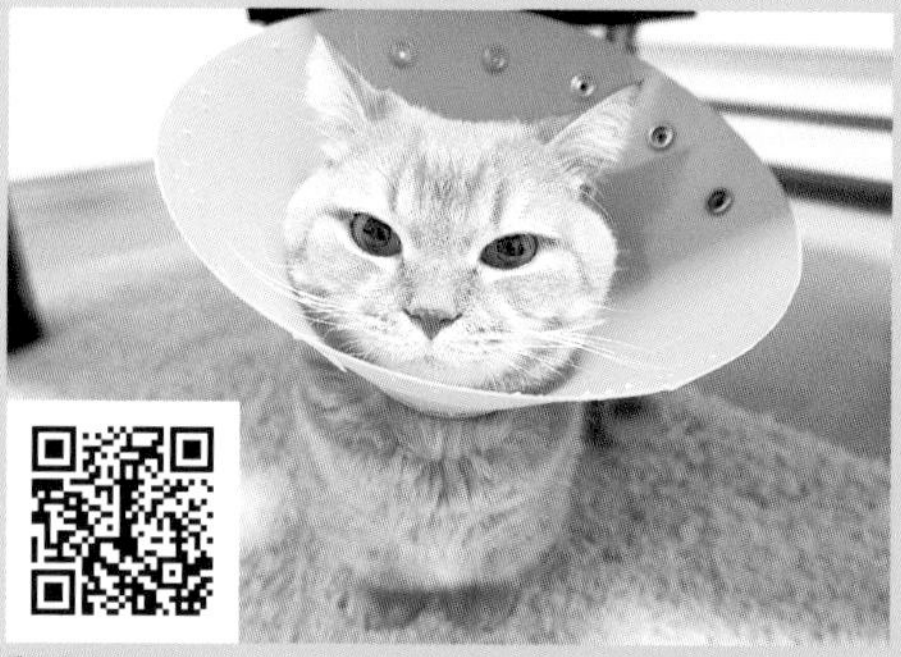

動画をcheck！

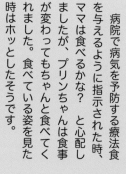

check!

お目め

真剣でちょっと

厳しい目つきです

うまっうまっ
Purin
プリンちゃんの
前足じゃないよ〜
check!
お口
小さなお口で
ポリポリ上品に

遊び

遊ぶの大好き♪

自由時間を楽しく過ごそう!

ママはプリンちゃんのしたいことをさせてあげます

プリンちゃんのお家は昨年9月に引っ越しをしました。それまで寝室は一階にあり、そこでプリンちゃんも一緒に寝ていて、午前中、ママが仕事に行くと、もう一度、寝室に戻って寝る生活でした。

現在、寝室は二階です。また、ママが自宅にいる時はプリンちゃんはいつもママの近くで自由に過ごします。ママのそばがうれしくって、いつもくっついています。

でも、時々、ママが休日の昼間にリビングにいる時、プリンちゃんが二階の寝室に行きたいそうしている時があります。そんな時、ママはプリンちゃんのしたいようにさせてあげて、静かに見守っています。

遊びに気持ちが傾くと全力で勢いよくやります!

午前中の自由時間、プリンちゃんの気持ちが遊びに傾くと、大好きなネズミのおもちゃで遊んだり、部屋の中を走り回ります。ママもびっくりするぐらい、勢いよく走ってきて、先にあるソファーに駆け上がったり、キャットタワーに上がってバリバリ爪を研いだりします。

爪を研ぎすぎた猫タワー

動画をcheck!

check!
しっぽ
夢中な時はピンと
立っています

ダーッシュ!

check!
足
意外と俊敏かつ
素早い動き！

check!
お目め
遊ぶ時もやたらと
真剣です

ひとりで遊ぶ時も全力

パパとママがいない時のひとり遊びについて、ママに聞くと、「急にひとりで走り回り始める時があってビックリします」と教えてくれました。

離さないっっ

動画をcheck!

お昼寝

すやすや夢の中♪

毎日たっぷりお昼寝するよ！

寝るのもやっぱり大好きなママのそばで

プリンちゃんはパパとママが大好き！　お昼寝もやっぱりママの近くが良いみたい！

甘えん坊なプリンちゃんは、いつでもママを感じていたいのですね！

お布団をたくさん持っているプリンちゃんは、厚みのある毛布が大好き！　中でも毛が長く、ふかふかしているブランケットがお気に入りです。

一度、暑くないかと薄いペラペラのタオルに変えたところ、寝てくれなかったとか！　細かいことにこだわらない、器の大きなプリンちゃんですが、お昼寝の敷物は厚物と決めているのですね！　大人のこだわりをもっていました！

メインが1カ所でそれ以外の場所も確保！

プリンちゃんはママを感じられる場所以外にもいくつか寝るための場所を確保していて、気分によってお昼寝場所を変えることがあるそうです。例えば、リビングやベットの上など、今日はどこで寝ているのでしょうか……？

アヒルモチーフのぬいぐるみをまくらにしているよ

check!
お目
寝ていてもなんだか
一生懸命

check!
お腹
この下に
手を入れたい！？

check!
しっぽ
力を抜くとやんわ
りしなやか～

寝起き

ぽやぽや寝起き♪

楽しい夢から目覚めた時！

普段のお顔とちょっと違う寝起きのお顔とは？

よく見ると、プリンちゃんはとても表情豊かです。いつもはキリリとまじめなお顔ですが、寝起きはぽやんとしています。このゆるくてぽやぽや・ほわほわしたお顔も、素敵！ YouTubeでは「人間みたいな寝起きの悪さを見せる短足マンチカンが可愛すぎる！」で、とっておきの寝起きのお顔を見せてくれました。いつもはママより先に起きるプリンちゃんが、ママより遅く起きた時の特別動画です。爆睡していたプリンちゃんが、ママに気づいて眠りから覚めるシーンはかわい過ぎました！ また、目覚めた時にママがいるのが嬉しいようで、ずっとしっぽを振っています。

寝起きでむにゅーっと伸びをすることも

目が覚めて伸びをする時、クリームパン（前足）がぴくぴく動くことがあります。この動きが、最大の萌えポイントであると絶賛する人も多いとか。寝起き動画を見る時には、ぜひ気を付けて見てみて！

動画をcheck!

check!
お腹
ふっかふか〜の
もっふもふ〜

check!
お顔
ほわほわの寝起きの
お顔もかわいい！

check!
前足
かわいい動きに
ご注目！

くつろぐ

ほっと一息くつろぐ時間♪

ゆったり過ごしてエネルギーチャージ!

お気に入りのくつろぎスペース

近年の夏は大変な猛暑が続いていました。暑い時、プリンちゃんも冷たい場所でくつろぎます。「暑い時、冷える柔らかいキルト状のふわふわした敷マットを用意しましたが、使ってくれませんでした。どうやら柔らかな感触が嫌だったようです。せっかく冷たくなっていたのですが、他の場所にころがっていました。逆に硬くて冷たいアルミシートを敷いたら、そちらでくつろいでいました」とママさん。プリンちゃんがくつろぐ場所も、ちゃんとお気に入りがあるのですね!

くつろぎながら、まどろみ、すっかり寝入ってしまって、くうくうかわいい寝息をたてることも!

甘えたい時はヘソ天!?

YouTube「甘えたいとき転がってアピールする猫が可愛い!」では、ママに甘えたくて、すりすりやヘソ天!ママはその姿を「エビフライのよう」と例えています。パパが帰ってきた反応もとてもキュート!それは、ぜひ動画をチェックしてみてください!

動画をcheck!

check!
お口
ぺろぺろ毛づくろいもするよ~
check!
お尻
浮かず、どっしりしています

check!
おヒゲ
ゆるく垂れさがっています
落ち着く~

大好きな時間がやってきた♪

大興奮でお迎えするよ、大好きパパとママ！

再生回数一位の人気動画がお出迎えシーン

外出から帰ってきたパパとママを大喜びでお出迎えしてくれるプリンちゃん。そのうれしそうな姿は見ているこちらも胸が温かくなります。独特の声で「きゃっきゃっきゃっ」と鳴く声もかわいいと、お出迎え動画は大人気です。

今は引っ越して、別のドアになってしまいましたが、以前は玄関からリビングに入る扉がガラスで向こう側が透けて見えていました。プリンちゃんは玄関にいるパパやママに早く会いたくて、ガラスに手をついて、ぱりぱりやっていました。ガラス越しに肉球が見えて、とてもかわいい！　そして、ドアを開けるとすっ飛んできて、スリスリしてくれるのでした！

パパとママは歩けなくなるほどの歓迎ぶり

帰ってきたパパとママにひっついてまわります。足元から離れず、歩きにくくて大変なのだとか。また、パパとママ、どちらの方が歓迎するかを聞きましたが、どちらも同じぐらいの歓迎ぶりで、差はないとか。プリンちゃんはパパとママの両方が大好きなのですね！

動画をcheck！

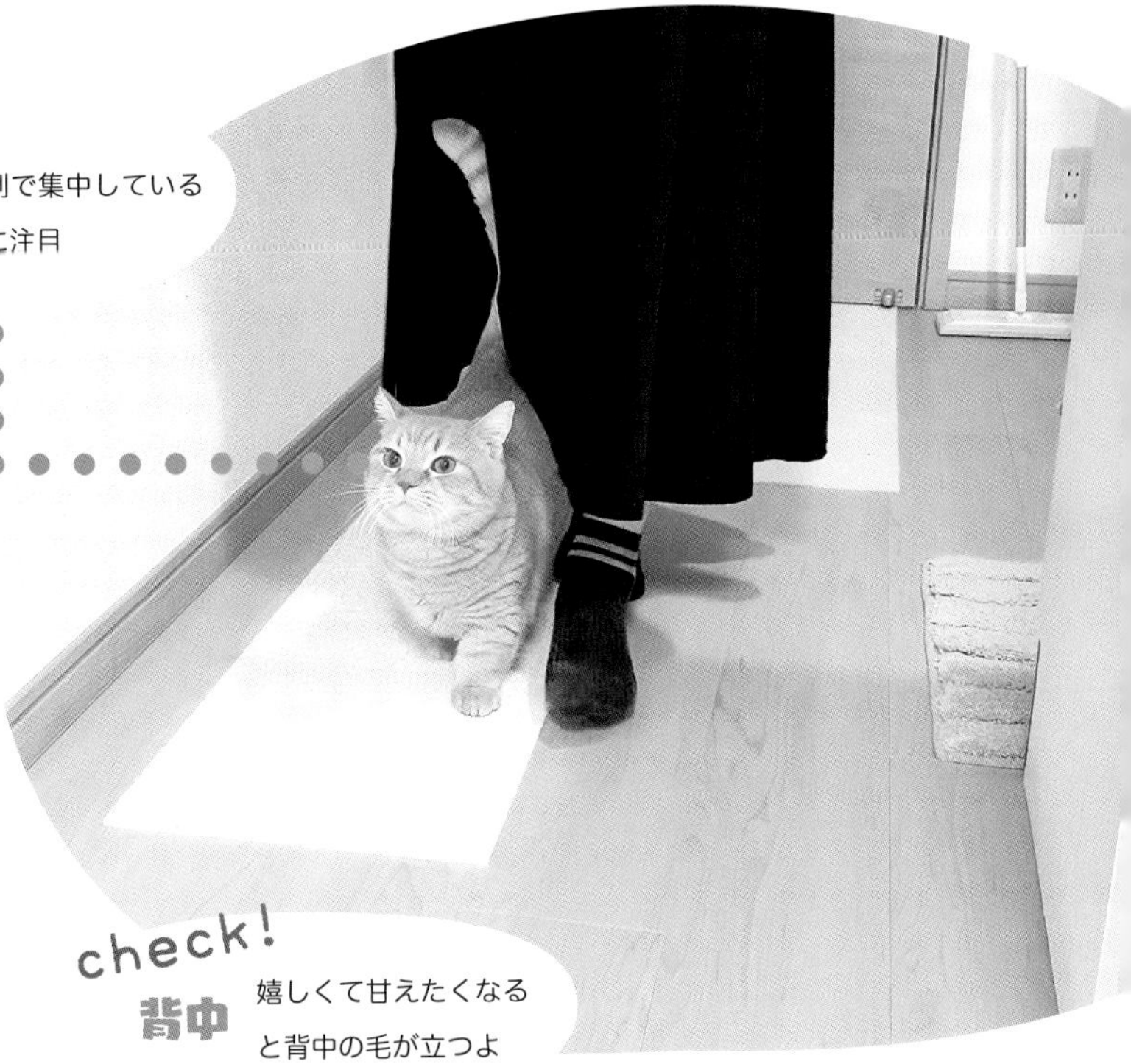

check!

お目め

真剣で集中している
瞳に注目

check!

背中

嬉しくて甘えたくなる
と背中の毛が立つよ

check!

前足

ちょいちょい足先で
つつく時も

夜ごはん

幸せ晩ごはん♪

今夜もおいしく いただきます!

食わず嫌いだったウエットフード、今は大好物に

健康のためにおやつを食べないプリンちゃん。毎日同じ療法食では飽きるだろうと、ママは週に一回、気分転換にウエットフードを与えています。水分量の多いウエットはカラダのためにも良いと獣医さんにもお勧めされました。

カリカリ以外は食べなかったプリンちゃん。小さいころから食べなれていなかったせいか、なかなか食べてくれません。ママはプリンちゃんのカラダのために、根気よくウエットを与え続けました。それが２０２１年の３月頃から食べてくれるようになったのです!「食べてみたらおいしいじゃんて、気付いたみたいです」とママは嬉しそうに話してくれました!

晩ごはんのとっておきエピソード

プリンちゃんの晩ごはんの最中、パパが家に帰ってきました。玄関のドアがガチャっと音を立てた時、プリンちゃんは「ごはんを食べたいけど、パパにも会いたい」という大きな心の葛藤で、何とも言えない表情をしたそうです。見たかった! 困った顔!

動画をcheck!

じっ…
check!
お目め
朝と同じ量かどうか、
真剣に観測

動画をcheck!

ごちそうさま〜
check!
お口
もぐもぐの動きは
見逃せません！
check!
前足
食後は前足でお顔を
きれいに♪

お風呂

洗いたてのいい匂い♪

ちょっと苦手だけど がんばるよっ!

鳴きつづける最高に かわいい姿がたまらない!

プリンちゃんのシャンプーは半年に一回ほど。洗いたてのふかふかの毛並みは最高です! でも、プリンちゃんはお風呂が大の苦手。ママによると「子猫の時から嫌がっていました。毎回、頑張ってくれています」とのこと。お風呂が嫌いだからといって、中で爪を出して暴れたり、脱走しようとするのではなく、ひたすら文句(?)を言う感じなのだとか。この声がかわいいと大評判!

一年の間で、春と秋に、パパと二人がかりでシャンプータイム。なるべくストレスを感じさせないように、あらかじめ道具を用意しておいたり、手分けをして素早く終えるようにしています。

泡をカラダに優しくなじませるようにしています

ママはプリンちゃんのために、最初にシャンプー液をお湯の中に入れて泡立てておき、泡で被毛を包むように汚れを浮き立たせてシャンプーします。シャンプー液をカラダにつけてゴシゴシカラダをこするよりも、泡を使ったやり方の方が効果的と、シャンプーのメーカーも推奨していますよ!

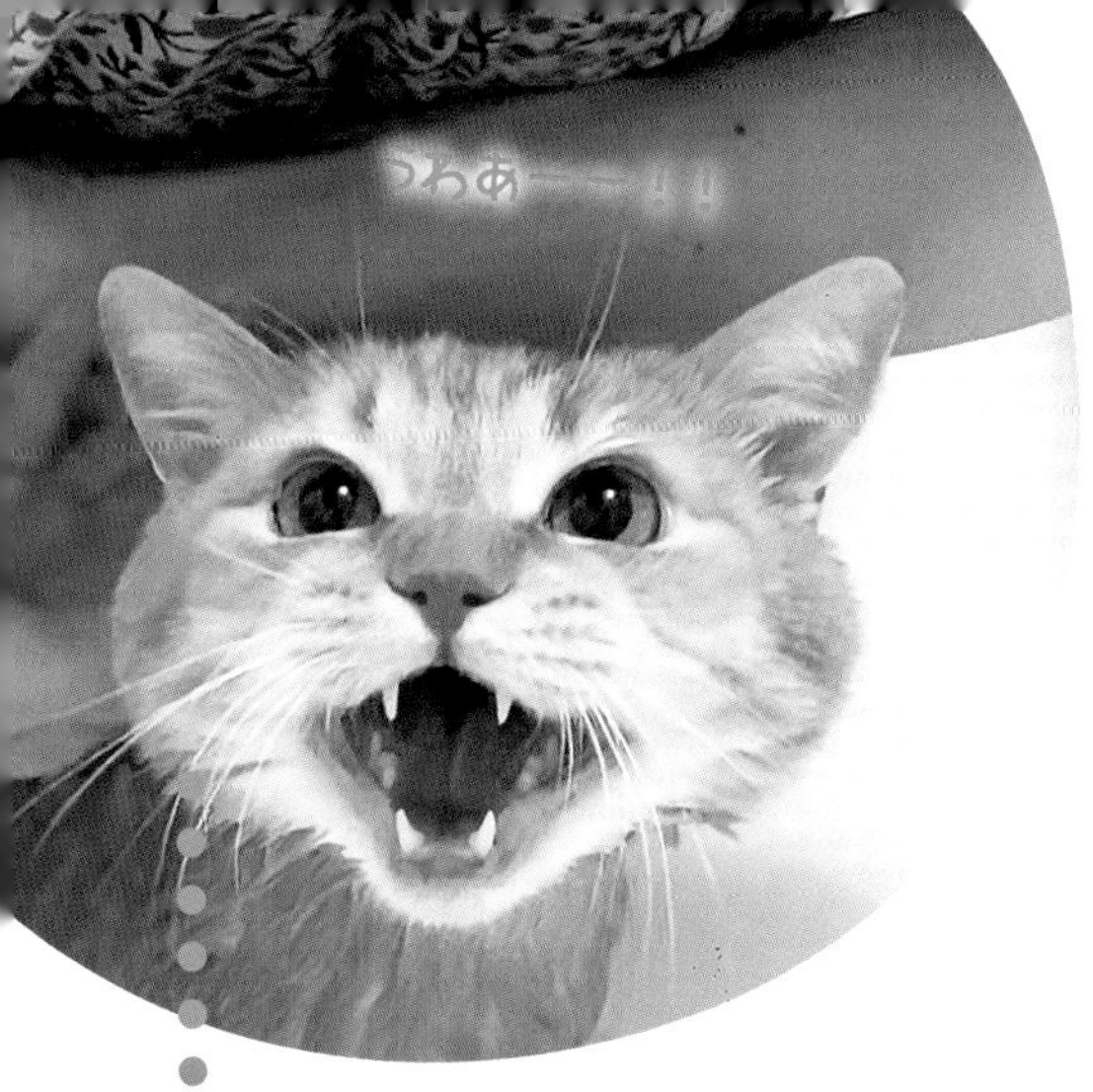

check!
お顔 意外とめずらしい、
怒ったお顔

check!
しっぽ 洗い立てふかふか
の美しい毛並み

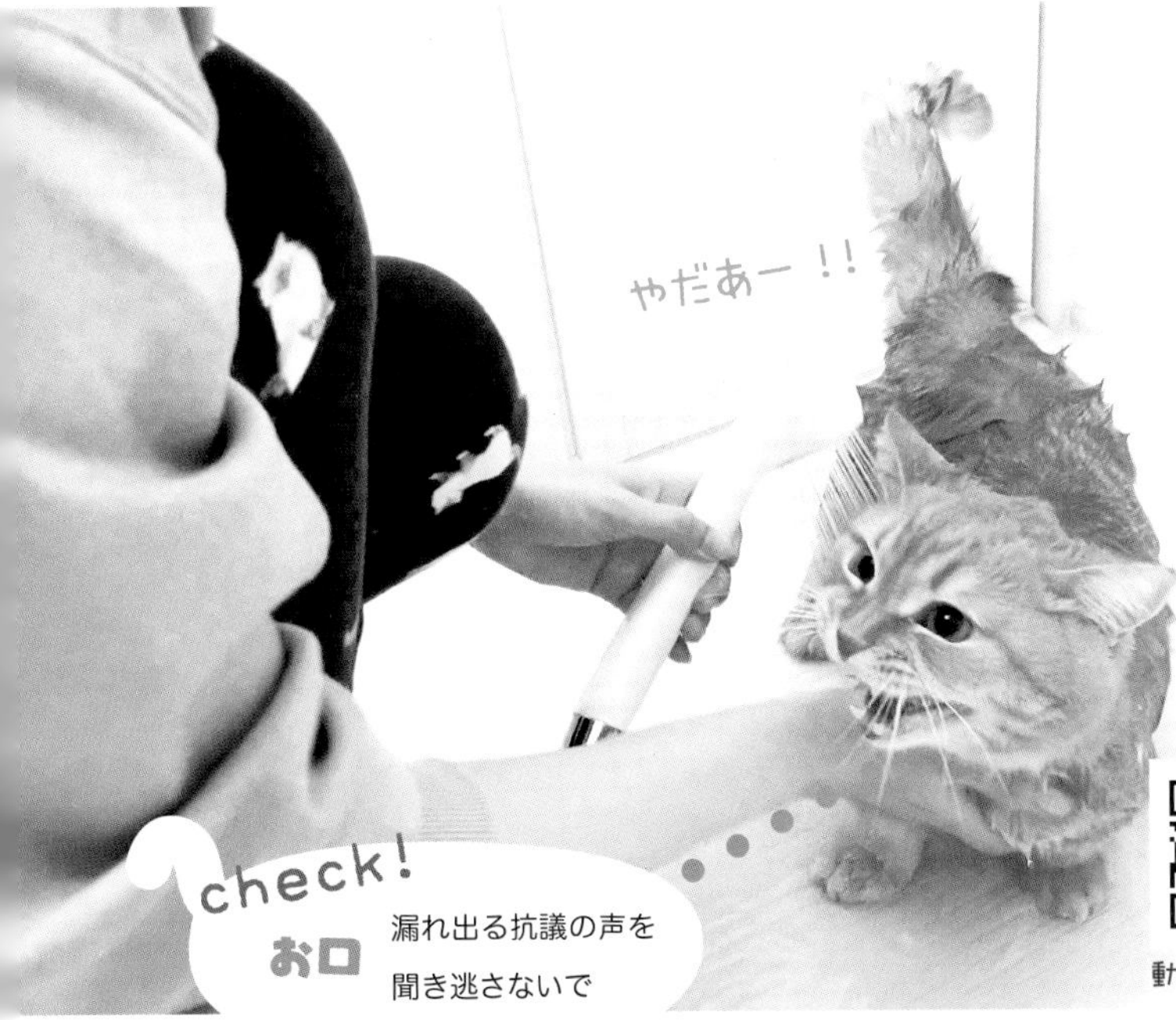

check!
お口 漏れ出る抗議の声を
聞き逃さないで

動画をcheck!

就寝

楽しい夢を見ながら眠る♪

寝る場所はいつも決まってママのところ！

寝姿もかわいいなんて！罪なプリンちゃん！

プリンちゃんの夜の寝場所はパパとママのベッドの上。お気に入りの場所はママの腕の下が多く、暑い夏は足元の方に移動しますが、絶対にママの近くにいるそうです。パパは寝ている間もよく動くので、ママが良いのかな？

プリンちゃんの寝相はとても良くて、朝までずっと同じ場所で寝ていることもあるそうです。よく、「プリンちゃんとパパとママは川の字になって、中央で寝ているのですか？」と聞かれることがありますが、三人の真ん中ではなく、ママの側に寝ています。あんまりこだわることが少ないプリンちゃんですがこれだけは絶対に守っているお約束なのですね。

遅くなっても絶対一緒に寝たいのだ！

ＹｏｕＴｕｂｅの更新や家事などで、就寝は深夜2時頃になってしまうことも多いとか。遅くなっても、パパとママを待って一緒に寝るプリンちゃん。ママとひっついて寝ていたいなんて、真の甘えん坊さんなのでした！

スヤァ…

check!

お鼻 くうくう寝息が
聞こえてくるかな？

check!

お顔 とろける寝顔が素敵

check!

お腹 呼吸に応じて
上下しちゃう

動画をcheck!

お布団をあげるとかわいらしいプリンちゃんの寝顔が♪

コラム

ネクタイのアレンジがすてき！

「タキシード」できめたプリンちゃんにエスコートしてもらいたい

プリンちゃんのタキシード姿は2020年のSNSで配布した待ち受けカレンダーや2021年卓上・壁かけカレンダーの6月の写真にも使われています。キリリとしたお顔のプリンちゃんにとてもよく似合っていて、堂々としています。こんなプリンちゃんにエスコートされてみたいですね！

　タキシードスタイのベースはジャケットと白いシャツにネクタイと、どちらもよく似ていますが、ネクタイが赤いものや、黒いタキシードなど、バリエーションがあります。6月の写真はジューンブライドにふさわしい、黒く正式なタキシードスタイです。

この正式なタキシードスタイ、実はお友だちの手作りでした！ プリンちゃんだけの一点ものです。プリンちゃんに似合うような大きさと形を考えてくれているほか、首につけても苦しくないように、工夫されていました。

　撮影の時のプリンちゃんは、嫌がる気配もなく、機げんよくおとなしく撮影されていたそうなので、プリンちゃん自身も気に入っているコスチュームのひとつなのかもしれませんね！

第3章

プリンちゃんと暮らし

見てみる？

お家を大公開！

プリンちゃんのお家・間取りって？

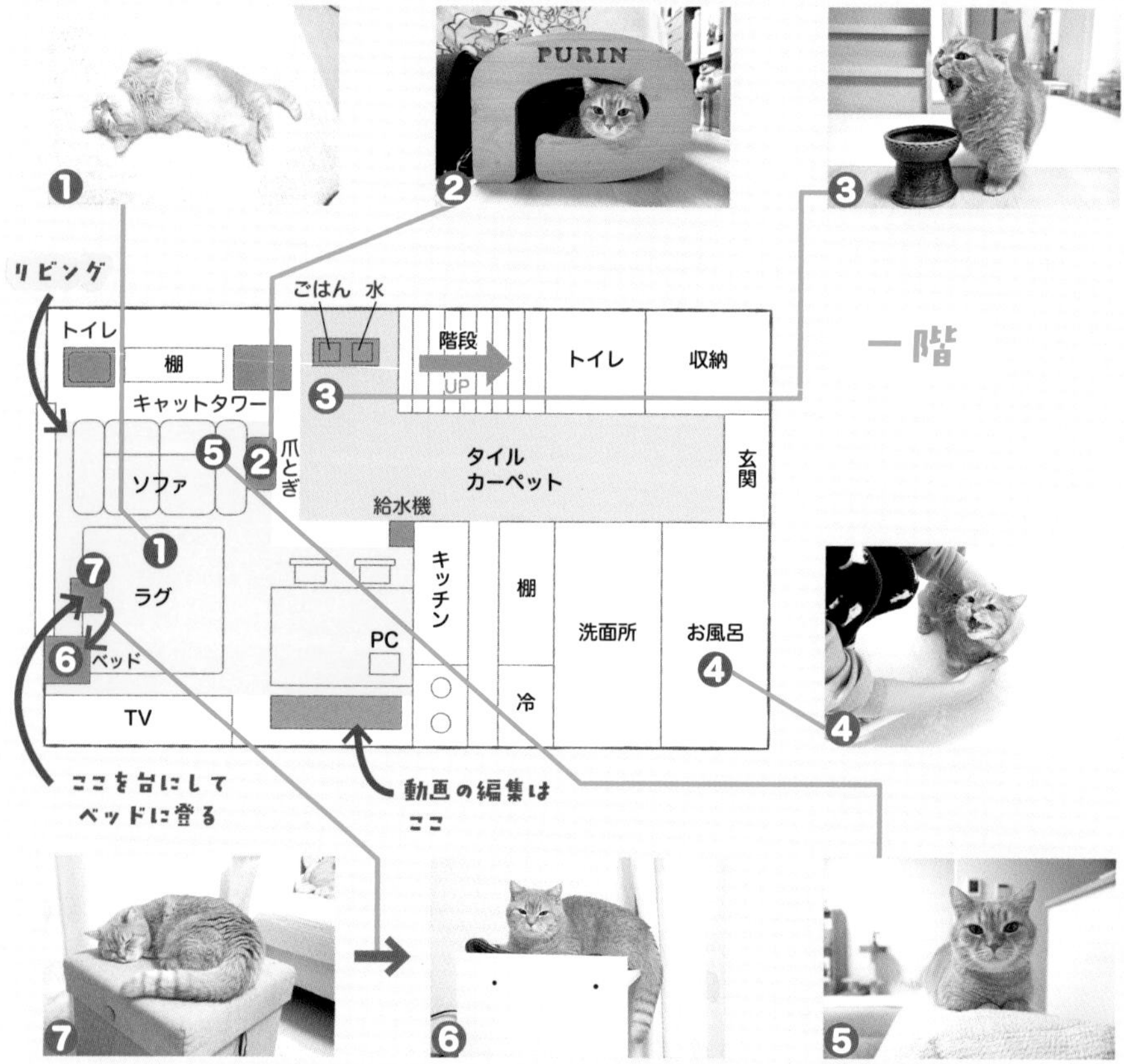

家じゅうどこでも
プリンちゃんのお部屋に

プリンちゃんのパパ・ママ宅は2020年9月にお引越しをしました。それまではワンフロアーだったのが、今はメゾネットタイプで、一階が、リビングとキッチン、お風呂、トイレなど。階段を上がった二階が寝室とパパのお部屋という間取りになっています。

パパのお部屋以外は、基本的にどこでも自由に出入りOK。階段を好きなように上り下りして、好きな場所でくつろぎます。

とはいえ、ママが大好きなプリンちゃんは、基本的にママがいるところにいつもいます。最近はリビングで過ごすことが一番多く、リビングで寝ている時間も長くなりました。

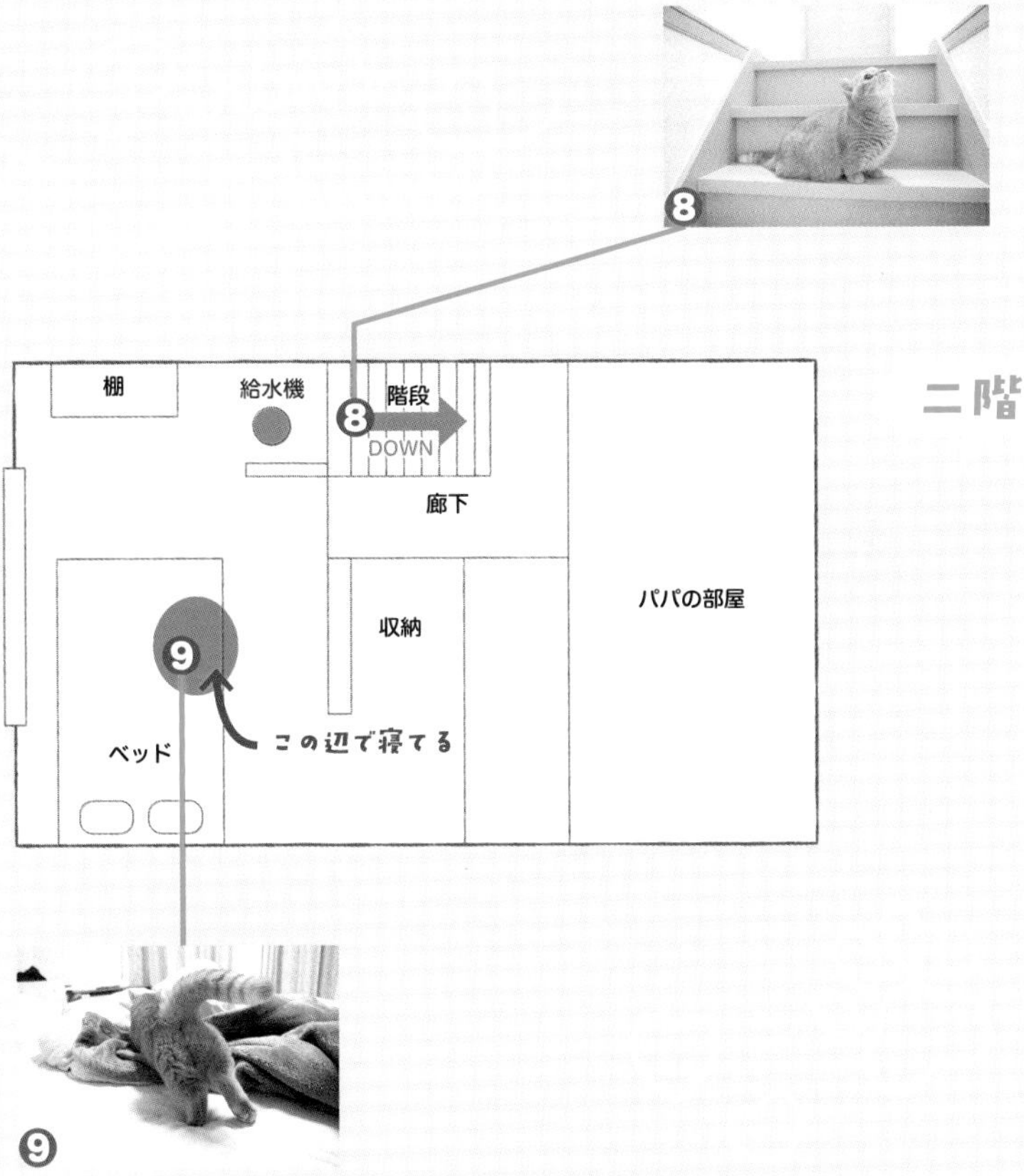

お気に入りの場所を大公開!

プリンちゃんの好きなことをする場所って？

遊ぶ場所とお気に入りの場所があります

眠ること以外に、プリンちゃんの好きなことはママの近くでくつろぐこと、おいしいごはんを食べること、楽しく遊ぶことの3つです。毎日この三点セットで楽しく過ごしています。

ママと一緒に座ってくつろぎたい時は見上げて目線で知らせてくれます。ママはすぐにイスを半分開けて、プリンちゃんが一緒に座れるようにしてくれます！

家具の間を縫って走るのも大好き。突然スイッチが入ってドドドと走り回っちゃいます。

最近は、プリンちゃんのPの文字の形をした爪とぎがお気に入りです。研ぐだけじゃなくて中に入り込むことも！

いつも通りで安心な住まいづくり！

ママと一緒に寝るベッドや、ママと一緒に座るソファーなど、大好きな家具は引っ越し後も替えなかったので、プリンちゃんは新しいお家にはすぐに慣れることができました。

最近できたお気に入りの場所は、これまで使っていなかったペットベッドです。足付きの箱タイプで、箱の中に入って休む設計になっていますが、なぜか箱の上でくつろぐのが、プリンちゃんのお気に入り。

お気に入りのペットベット♪

ママの腕の中で見つめる
きりりな瞳

廊下でママがきちんと
ついてきているか確認をするプリンちゃん

大事な水飲み場とおトイレ大公開！

プリンちゃんのカラダを健康に保つ2つの場所は？

お水とトイレには気を遣っています

ネコちゃんの健康のために大切なのが、お水とトイレ。ペットの保険会社の調査でも8割以上のネコちゃんが、お水とトイレに関係する病気を経験しています。

プリンちゃんのママもお水とトイレにはとても気を遣っていて、少しでもたくさんのお水を飲んでもらえるように、お水は3カ所に置いています。

現在は流れるように水が動いている水飲み場を設置しています。流れる小川でお水を飲んでいたネコちゃんの野性の本能に訴える商品です。

トイレの場所もプリンちゃんが落ち着いてできるような場所に設置しました。

うんちハイになるプリンちゃんがかわいい！

毎回ではありませんが、トイレの後はテンションがあがってハイになるプリンちゃん。うんちハイもかわいい！！

うんちハイで走り回るプリンちゃん

3カ所ある水飲み場のひとつ。
お水おいしい！

新しいトイレを使っているよ！

動画をcheck！

プリンちゃんを取り巻く人々、大公開!

「こんにちは」プリンちゃん! お客様にごあいさつ

頻繁に会う人は大歓迎だけど……

プリンちゃんのお宅には時々お客様がやってきます。ひんぱんに会う人の一人が、ママの姉妹。中でもママのお姉さんは大好きで、やってくるとゴロゴロ嬉しそうにしていますよ。お姉さんもプリンちゃんに会うのがとても楽しみなのだとか。

でも、初めて会う人はちょっと苦手。3〜4回会って、慣れれば大丈夫ですが、それまでは隠れてしまって、出てきません。パパのお友達に会った時はガチガチに固まってしまったとか! 男性とお子さんが苦手です。

一方、大人の女性には比較的、慣れやすいとか。初対面でも抱っこさせてくれる人もいます。

急な行動や大きな声が苦手です

優しくいつも穏やかなプリンちゃんは、子どもの大きな声やリアクション、急な行動がちょっと苦手……。慣れてしまえばへっちゃら! かわいいプリンちゃんの表情を見ることができます。

リビングに来た知らない人に
ビックリ

check!
行動
知らない人が来たら
一旦避難！

check!
顔
きんちょうしつつ
なでさせてくれるよ！

おやつくれる？

どきどき…

階段をのぼって逃げる

大切にしているお出迎えのこと！

「おかえりなさいパパとママ」を深く味わう

ネコちゃんならば毎回必ずやること？

「お出迎え」は、プリンちゃんの暮らしの中で、大切な習慣のひとつですが、ママはネコちゃんのいるお宅ではよくやられている行動だと思っていたそう。「ＳＮＳのコメントで『お出迎えなんてすごい！』とか『ネコちゃんってこんなに人に懐くんですね』と書かれていて、特別なことだと気づかされました」と教えてくれました。特にママが泊りがけの旅行から帰って来た時の大歓迎ぶりを紹介した動画は、伝説となりました。

　また、パパが出張から数日ぶりに帰って来た時のシーンも素敵！最初はびっくりしていたプリンちゃんが少しずつ嬉しくなって、とろんとしてくる姿が印象的です。

歓迎の熱量はプリンちゃんの気持ち次第！

　ママのお出迎えで熱くなっている時、パパも帰ってくると、同じ熱量でダッシュして歓迎！逆に歓迎熱が急に冷めることも。お隣の帰宅を勘違いして玄関に走ったプリンちゃん。誰も入って来ません。その後のお出迎えはテンション低めでした！

動画をcheck！

check!

耳

玄関の足音とカギの
音を真剣に聞く！

check!

お口

ごはんの途中で誰かが帰っ
てくると、お出迎えするか
悩むのでとても困ります！

動画をcheck！

コラム

ママのお気に入り！

愛をこめてバレンタインに贈る「ハートの被り物」

赤いハートの被り物は、プリンちゃんの顔にとてもよく似合っていて、ママさんは「被り物の中では一番好きかもしれません」と言うほど。形と色が素敵ですね！

　プリンちゃんはカメラに慣れていて、ほとんど怖がりません。カメラを構えるママに向かって、歩いてきてしまうことがあるので、意図せずUPになってしまうことも。この写真のように、かわいい一瞬を捉えるために、ママはいろいろ苦労されていたのでした。

　これは撮影した時、ハートの上の部分がしっかり立っていて、プリンちゃんが頭を動かしても、ハートの形は崩れなかったそうです。

　季節を感じるために、コスチュームを変えていますが、バレンタインにはやっぱりハートをモチーフにしたものが良いと決めたママさん。視聴者の皆さんからも「かわいい」「赤が似合っている」と高い評価をいただいた一枚です。

第4章

プリンちゃん なんでもランキング

ババーン！

もっと
知りたい！

プリンちゃんの なんでもランキング

～お気に入りのおもちゃ編～

プリンちゃんにはお気に入りのおもちゃがたくさんあります。
その中で厳選したお気に入りのおもちゃをランキング形式で紹介！

1位 ねずみ

ずっとお気に入り！
大好きねずみのおもちゃ

ん？

動画をcheck！

買い換えてもずっとお気に入りのおもちゃ。ふわふわと毛足の長いねずみが好みです。鈴入りも好きかも？

こんなねずみ！

ヤッホー！

たのしー！！

これを飛ばすと
狩りの本能が働く？

2位

動画をcheck！

にゃんコプター

プロペラがついていて飛ばせます。ワンちゃんのフリスビーのようにくわえてもってくる、あきないおもちゃです！

3位

実はママが一番
お気に入りとか

イーボ

ロボット型のおもちゃにレーザーポインターがついています。その光を追いかけるのが好き！

次〜！

動画をcheck！

わくわく…

もっと知りたい！

プリンちゃんのおもしろ声ランキング

～日本語に聞こえる？編～

プリンちゃんは日本語を話すことがあります！　普段の猫語は高く、ちょっと枯れた声で「きゃ」とか「ナっ」と短いのですが、人の言葉も完璧です！

トコトコ

ばかやろーっっ！！

1位「ばかやろー」

プリンちゃんはお風呂が大の苦手。逃げないけれど、とても嫌なので、「ばかやろー」と思わず叫んでしまいます！

動画をcheck！

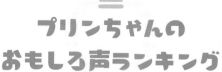

パパ！ママ！
待ってたよ！

2位
「待ってた」

大好きなお出迎えの時に、感極まって言う日本語です。他にも「おかえり！」や「寝てた！」など人間語を自在に使っておしゃべりしますよ。

動画をcheck！

ごはん？

動画をcheck！

3位
「ごはん」

おいしい！

ごはんの時間が近づくとプリンちゃんはごはんを食べたいアピール！　朝はパパに、夜はママにアピールするそうですよ！

もっと知りたい！

プリンちゃんの弱点？ランキング

～苦手なこと編～

キリッとして見せているプリンちゃんにも、どうにも苦手なことがあるようです。今回はプリンちゃんの苦手なことをこっそりランキング！

やな予感…

鳴く！叫ぶ！

大っ嫌い！

1位 お風呂

お風呂に入れると甲高い声で鳴いてしまいます。カラダを拭くシートも嫌いなので濡れるのがホントにイヤ！

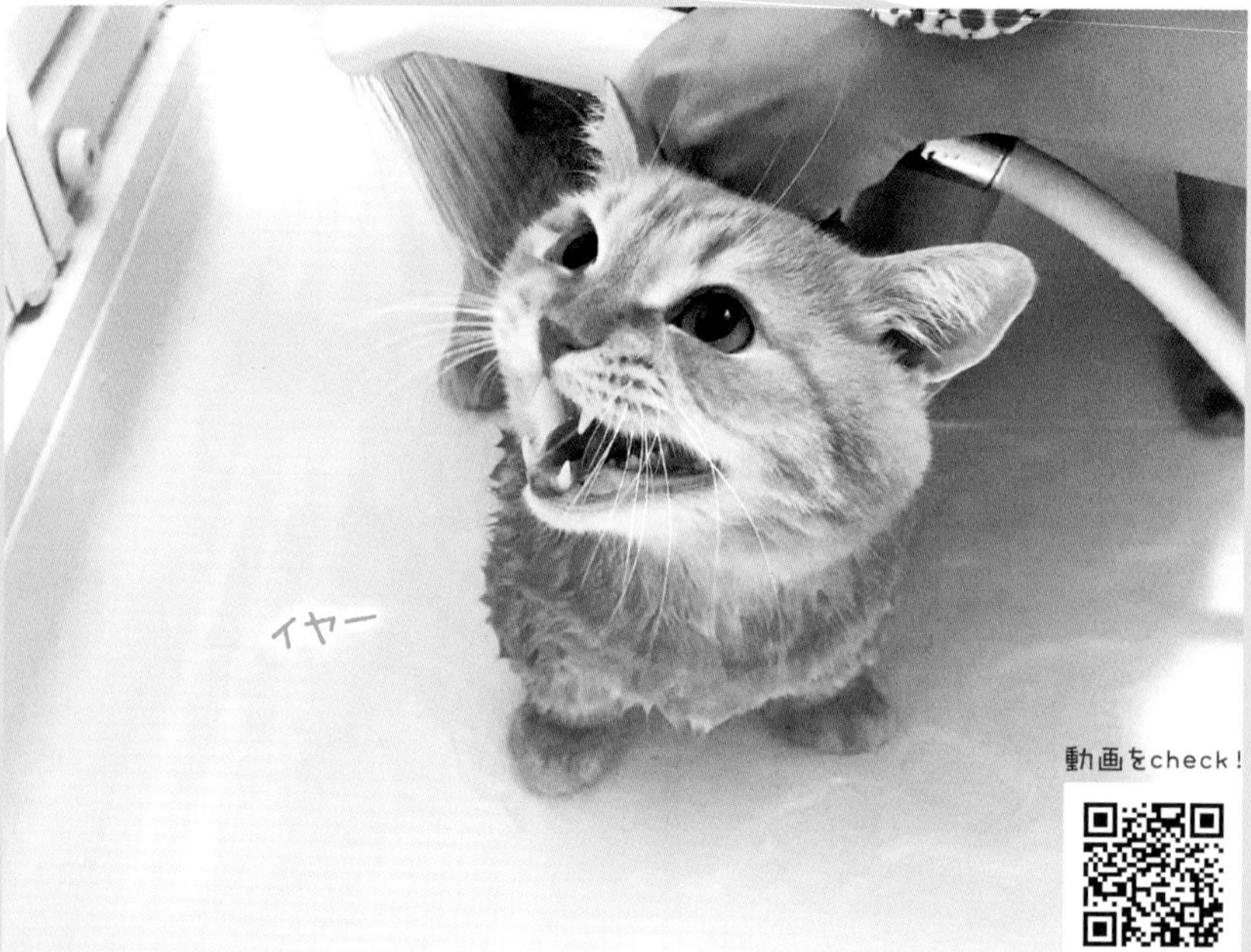

飼い主さんに
大ダメージ

2位 爪切り

動画をcheck!

全力で嫌がる。キックしたり噛み付いてきたりと、かなりの抵抗。一度に２～３本ずつが限界で、終わったらご褒美！

動画をcheck!

だれ？
この人コワイ

3位 知らない人に会う

知らない人に会うとガチガチに固まってしまいます。急に大きな音をたてられるのも嫌で、特に子どもが苦手です。

もっと知りたい!

プリンちゃんの面白い寝姿ランキング

おもしろカワイイ

～オモシロ寝姿編～

寝相もかわいく楽しませてくれるプリンちゃん。いろんな寝姿を見せてくれていますが、その中でも選りすぐりの寝相ランキング。

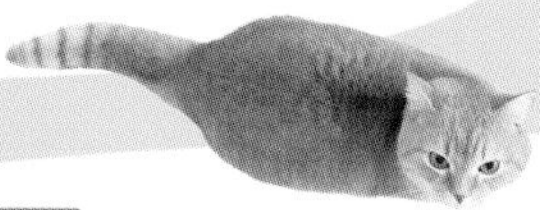

うらめしや～

一緒に寝る?

1位 ヘソ天

ヘソ天で寝ていることが多いです。前足が短いのでうらめしやのポーズになってます。無防備なお腹をもふりたくなります。

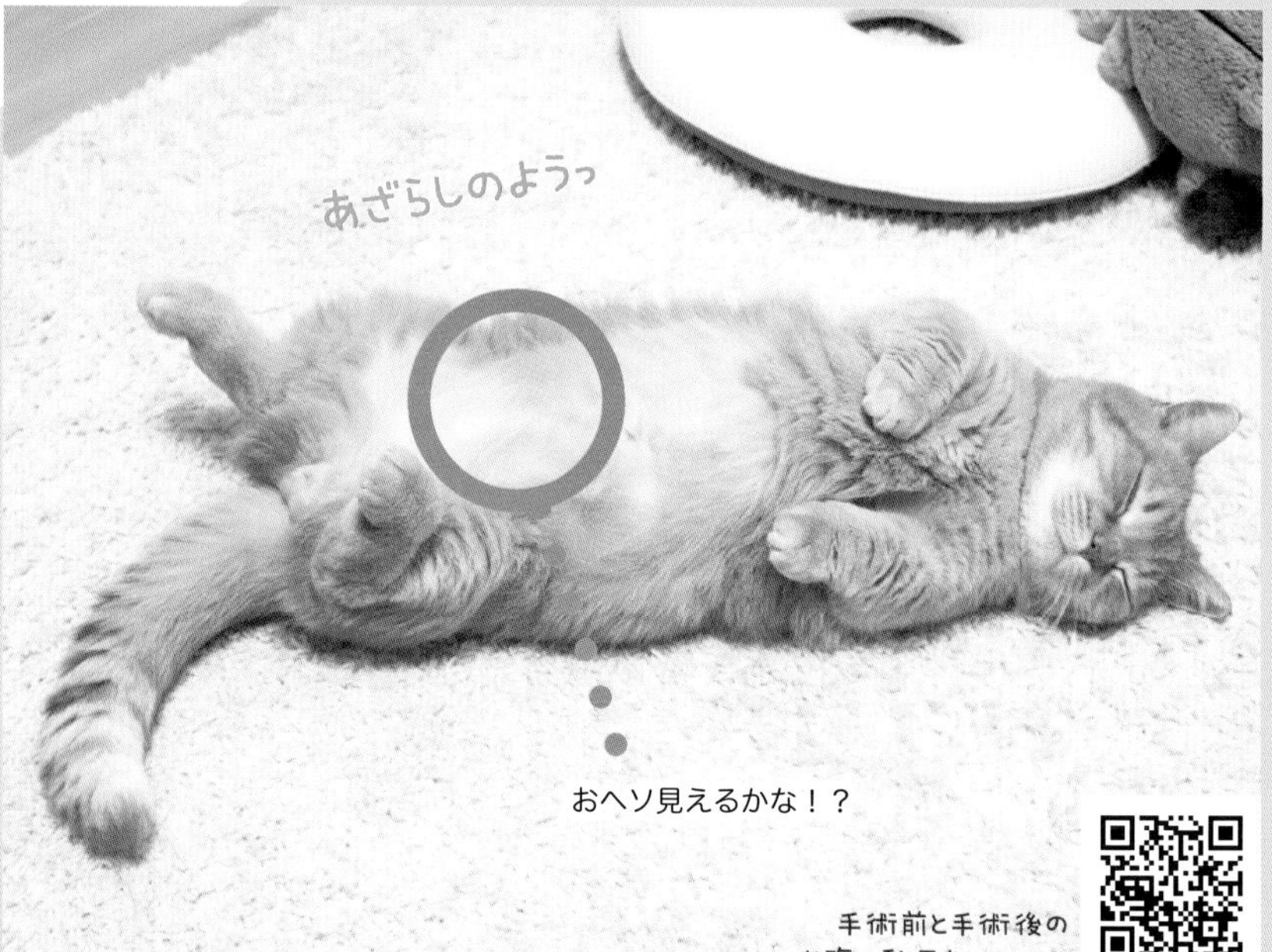
あざらしのようっ
おヘソ見えるかな！？
手術前と手術後の
お腹の動画をcheck！

2位

Zzz…

まるまっている

ヘソ天同様、まるまっていることも多いです。何かにすっぽり収まりそうだけど、鍋とか箱などにはあまり入りません！

ハート型！

3位

すんません…

ごめん寝

両手に頭をくっつけて、ごめんなさいしてるみたい。何かやらかしたの？　とツンツンしたくなるかわいい寝相です！

もっと知りたい！

プリンちゃんの愛らしい行動ランキング

動きも萌えるよ

～愛らしいアクション編～

短い手足で、走るよ・跳ぶよ・甘えるよ！　何をやってもかわいくなってしまう、プリンちゃんの愛らしい行動ベスト３とは！

しゅんびんなんだぞ～♪

1位　走り方

猫らしくしゅんびんな一面も。ダッシュしたり、にゃんコプターに飛びついたり。おもちゃ相手に、毎日本気、出してます！

動画をcheck！

ダッシュ

2位 背伸び

う〜ん、気持いい

抱き上げた時に、うーんと背伸びします。昔から抱き上げるとやっていましたが、かわいくて、ママのお気に入りの仕草です！

動画をcheck！

懸命にとぎます

3位 爪とぎ

キャットタワーの棒のところでやります。一所懸命にとぐ姿と、わざわざ狭いところで身を縮めてやる姿がかわいい♪

番外ランキング

プリンちゃんのころん

いきなり頭からころんと寝ます！

ふみふみ

毛布をくわえちゃう！

あせる！

食事中に「おかえりなさい」をしなければならない時など。

動画をcheck！

もっと知りたい！

プリンちゃん いろんな顔があるよ

～多彩でゆたかな表情編～

動画でもいろんな顔を見せてくれる、表情豊かなプリンちゃん。
その中でもかわいすぎるお顔は何？のランキング

ちょっと眠いな～

ん？呼んだ？

1位 ねぼけた顔

寝起きの顔がたまらない！いつも表情豊かなんですが、まだ半分寝ていて気持ち良さげな、眠そうな顔が劇的なかわいらしさ！

2位

あくび

がお~

顔いっぱいのお口。あくびする瞬間、口がくっとなる時や、おヒゲが縦になる時が、かわいいんです~

チラッ

真剣!

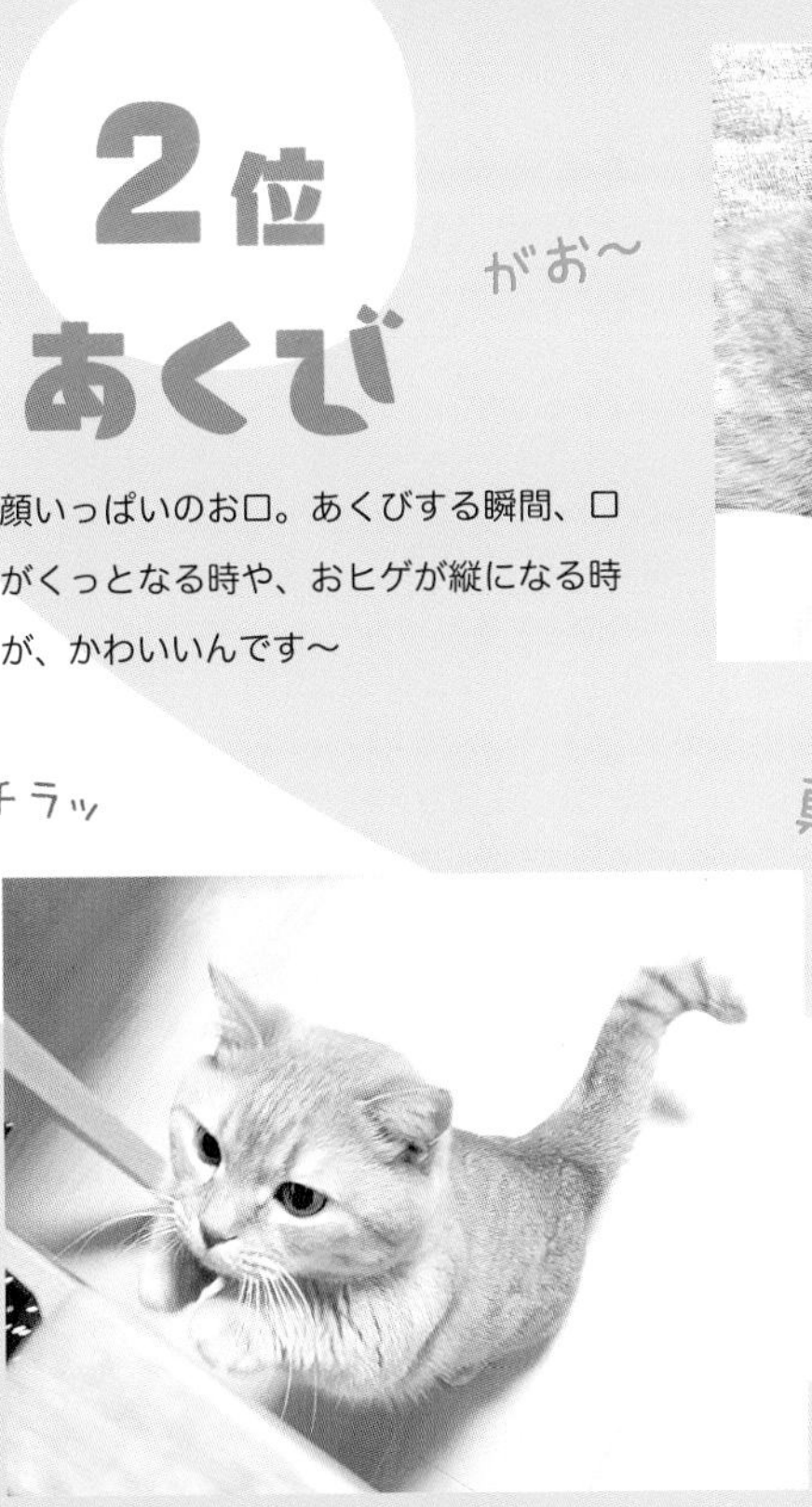

3位

まじめな顔

まじめな顔になるところ。他にもごはんが欲しい時、椅子の場所を空けて欲しい時の、にらみつけるような顔が素敵です。

コラム

みんな幸せメリークリスマス！

大切なクリスマスを楽しく過ごす「トナカイの被り物」

いつも季節を感じさせられるように、コスチュームをいろいろ工夫し、考えているママさん。このトナカイのコスチュームにして撮影している時、「もうすぐそこにクリスマスが近づいてきているなあ」と、強く感じたそうです。

　トナカイの被り物はトナカイの鼻と首のリボンの色がよく似ていて、襟に白いファーのような飾りがついています。他にもクリスマス用のコスチュームはママさんが編んだサンタさんの三角帽子などがあります。動画ではママさんに抱っこされて、両前足を動かしてクリスマスの踊りを踊ってくれていますよ。時々、見上げてママさんとアイコンタクトするプリンちゃん。撮影時も穏やかで、ご機嫌だったそうです。

　一年の中でも特別な日であるクリスマス。プリンちゃんと一緒に暮らす幸せな気分を、みんなで分け合って、一人でも多くの人の心をなごませ、癒すことができたら……そんなママさんの願いが込められた一枚でした。

第5章

教えて！プリンちゃん！

プリンちゃんをもっと知る！

知りたい？

教えて！プリンちゃん！

プリンちゃんをもっと知って YouTubeがもっと楽しく！

プリンちゃんの小さな疑問をＱ＆Ａ方式でご紹介しましょう。プリンちゃんの深掘りコーナーです。知れば動画をもっともっと楽しく見ることができますよ。まずはプリンちゃんのチャームポイントである足について、いろいろ聞いてみました！

チラッ

Q プリンちゃんの足の速さは？

A 短くても素早い！

マンチカンの足は短いのですが、筋肉や骨格が短いだけで普通のネコちゃんと同じです。なので、全速力で走ると意外と早いし、ジャンプも力強いのです。俊敏な動きを見せてくれるアスリートでした！　カッコいい！　クール！

動画をcheck！

Q どんな時に早く走る？

A おかえりなさいの時とおもちゃを取ってくる時！

パパとママが帰ってくる時は全速力でお迎えしますよ。また、プリンちゃんは投げたおもちゃを取ってくることができます！　ワンコみたいですね！　そんな時は全速力で走って、動画タイトルの効果音「ドドドドド」はリアルなのでした。

動画をcheck！

Q 短い足で走れるの？

A 連続写真で撮影すると ギャロップしているみたい！

馬が全速力で走る時、両足を空中で曲げて、素早く前に出すギャロップ走行をします。プリンちゃんも空中で前後の足をお腹に曲げるような形をしながら、素早く足を動かしていました！　すごいよ、プリンちゃん！

動画をcheck!

教えて！プリンちゃん！

プリンちゃんの身の回りのネコちゃんを紹介してくださいな！

るんるーん♪

Q プリンちゃんをとりまくネコちゃん達を教えて？

A 知り合いのネコちゃんを大紹介！

紹介しまーす★

プリンちゃんの周りには、いっぱいのネコちゃんがいるよ！　ここでは、２匹のネコちゃんを紹介！

プリンちゃんの知り合いを紹介！

おそろいの爪とぎとうつるケロちゃんとミミちゃん

プリンちゃんのお友達のケロちゃん。エキゾジックショートヘアの男の子でおっとした性格。

Kero

ケロちゃんが登場する
動画を check！

プリンちゃんのお友達のミミちゃん。アメリカンカールの女の子。ツンツンしたお嬢様気質。

Mimi

ミミちゃんが登場する
動画を check！

教えて！プリンちゃん！

優しい性格のプリンちゃんが
激怒する時！

Q プリンちゃんでも怒る？

A 怒ります！
でも、暴力には訴えない穏健派です

気持ちがいつも穏やかで平和主義のプリンちゃん。普段はあまり怒りません。でも、まったく怒らないわけではなく、時々は怒ります。察しが良くて、プリンちゃんをよく知っているママが、怒らないよう、プリンちゃんのひとりの時間を大事にしています。

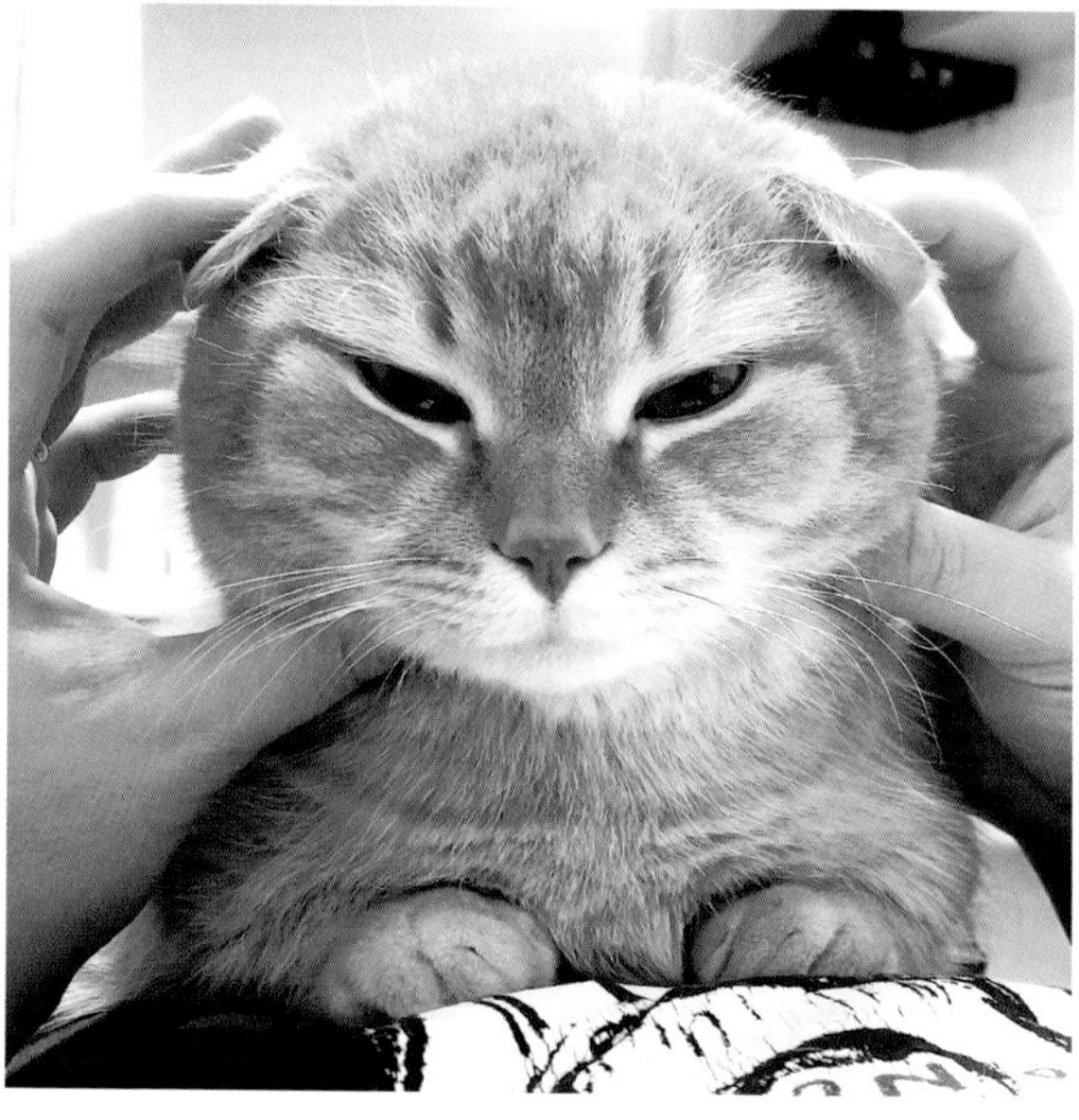

満腹すなわち
平和なり…（すやすや）

Q どんな時に怒る？

A お腹が空いている時！

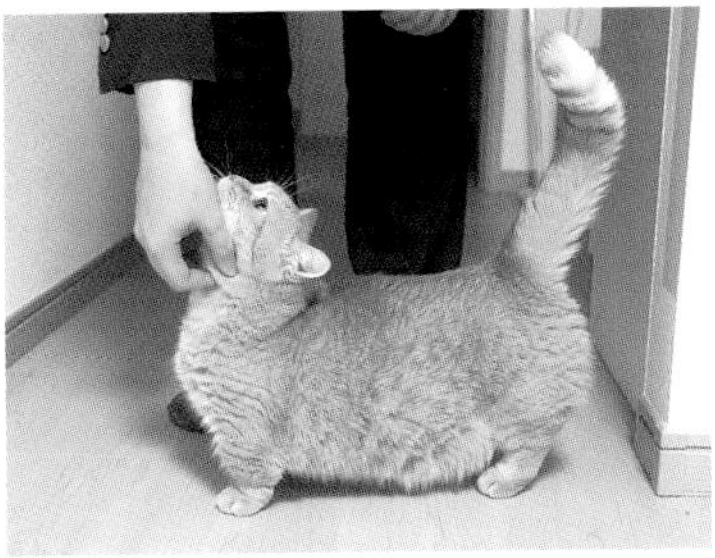

うっかりママが寝過ごしてしまい、プリンちゃんのごはんの時間が遅れてしまった時には怒ります。ママの手をかぷっと噛むこともあるそうです。でも、ママによると「全然痛くない」。ちゃんと加減してくれているのですね！

動画をcheck！

Q 怒るとどうする？

A 甘噛みしちゃいます！

シャーなんて威嚇したり、ひっくり返って後ろ足で蹴ったり、噛んだりしますが、どれもあまり強い力を入れてやりません。噛む時もやんわり噛んで、傷つかないようにしてくれるのです。賢い！

教えて！プリンちゃん！

大好きなごはんについて
ママに聞いてみた！

ごはん？

Q プリンちゃんの ごはんの食べ方とは？

A 時間をかけてゆっくりいただきます！

大好きなごはんですが、一度にがっつり食べる派ではなく、少しずつ上品にいただく派です。1～2時間かけて少しずつ、ゆっくりゆっくり食べていきます。カリカリの療法食ですが、一粒ずつていねいにカリカリ咀嚼する姿がかわいい！

ひと休み～

Q おやつは食べないの？

動画をcheck！

A 基本的にフードのみです！

以前は歯磨き用のガムやペット用クッキーなど、おやつは食べていました。病気をしてからは、体重管理の重要性を獣医さんから教えてもらって、なるべくカロリーオーバーにならないように心がけています。見習いたい！

Q 普通食と療法食で変わったことは？

動画をcheck！

A 特にありません

普通食から療法食に切り替わっても、今まで通り、おいしくいただいています。量が少なくなってしまったので、食べる時間が以前より早くなってしまいました。また、ウエットフードが苦手でしたが、慣れた今はおいしくいただいています！

教えて！プリンちゃん！

変わった萌えポイント
もっと知りたい！

いくよー！

Q 歩き方に差がある？

A たまに「るんるん」と歩くことも

プリンちゃん最大のチャームポイントのひとつが短いあんよ。気分によって「るんるん♪」と楽しそうに歩くこともあるとか。それは、おもちゃのネズミを持って帰ってくる時やごはんの用意ができた時にやってくれます。

動画をcheck！

Q しっぽの動きがかわいい時は？

動画をcheck！

A おかえりなさいの時！ピン→うねうねに！

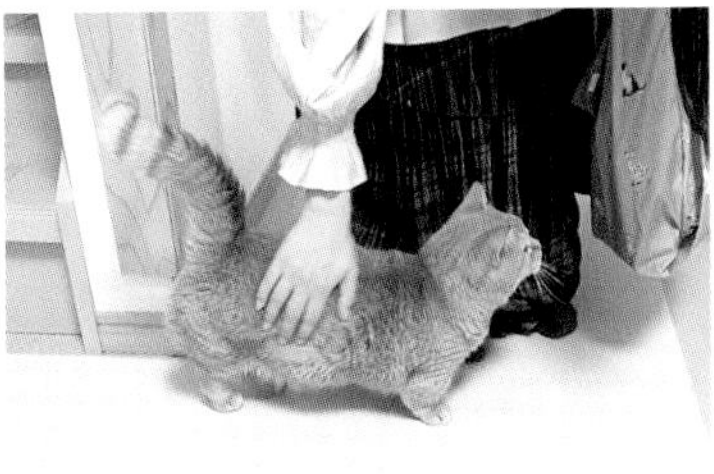

お出迎えのためにやってくる時、しっぽはピンと立っています。帰ってきた人にカラダを擦りつける時のしっぽはうねうねしています。しっぽの形を上手に変化させるところがかわいいですね！

Q その他の意外な萌えポイントとは？

A しっぽの先だけきちんとした縞模様が入っています

プリンちゃんの被毛には、はっきりとした縞模様は見えません。でも、しっぽの先の方は、縞がくっきり表れています。子どもの頃からこの被毛の模様は変化していません。生まれた時からしっぽの縞模様ははっきりしていたそうです。かわいいですね！

教えて！プリンちゃん！

おかえりなさいパパとママの 裏話を大公開！

出待ち。

Q 「おかえりなさい」をはじめたきっかけは？

動画をcheck！

A 留守中、ケージから出して自由に過ごせるようにしてから

プリンちゃんと暮らしはじめてすぐの頃、留守中はプリンちゃんをケージに入れていました。その後、ママはプリンちゃんがストレスを感じないように、留守の間、家の中を自由に歩き回ることができるように環境を整えました。それからは、特別な理由がない限り、お出迎えを必ずしてくれます。

Q 「おかえりなさい」をやらなかった日はあるの？

A 短時間のお留守番ではやりません

長時間のお留守番でやらないということはほとんどありませんが、短時間の留守番の時はお出迎えはしないプリンちゃん。ぐっすり眠っていて、お出迎えに遅刻してしまうこともしばしば…。また、パパとママのどちらか一方が家にいて、もう一人が帰ってきた時は塩対応！なんてこともあります。

安心…♥

Q 帰ってくる前はどうしているの？

A 少し前に、待機＆準備しています

ママのお仕事は定時で帰ることができたので、帰りの時間が決まっていました。家に到着する直前に、お出迎えの準備をします。パパは帰宅時間がバラバラなので、玄関に入って来た時に気が付いて、お出迎えに遅れてしまう時もあるようです。

動画をcheck！

Q そーっと帰ってきたらどうなる？

動画をcheck！

A すぐに気が付きます

寝ているプリンちゃんに「ただいま」と驚かせたくて、パパに玄関のカギを開けてもらっていたママさん。そーっと家に帰ったとたん、プリンちゃんはダーッと走ってきてお出迎え！　音で判断しているようで、お隣さんの玄関の音を不思議そうに聞いていたこともありました。

教えて！プリンちゃん！

とっても大切な被毛《ひもう》のお手入れは？

きらきらーん

Q ブラッシングは好き？

A ブラッシングは好きだけど、ウエットシートで拭くのは嫌

お尻をトントン優しくたたきながら、ブラッシングされるのが大好きです。お尻を上げて、しっぽをピンと立てて喜びます。首のブラッシングも好きですが、カラダを拭くペット用ウエットシートは嫌いです。プリンちゃんはカラダを濡らすのが嫌みたいですね。

動画をcheck！

動画をcheck！

Q どれぐらいの頻度でお手入れする？

A 換毛期《かんもうき》と5月から8月はほぼ毎日

それ以外は二週に一回程度、ブラッシングをしています。抜けた毛は丸めてボールにして遊ぶこともありますが、プリンちゃんが飽きると捨ててしまいます。

Q プリンちゃんは毛づくろいする？

A 毎日します。食後はお顔をきれいに！

前足やカラダをなめて毛づくろいをします。お尻やしっぽもていねいにしています。ママは「気が付いたらやっている、という感じ。特にリラックスしている時にやります。必ずやる時というわけではありませんが、食後はお顔やお口をきれいにしています」と教えてくれました！　きれい好きなのですね！

教えて！プリンちゃん！

いつもやっている
不思議な仕草って何？

Q ご機嫌な時にやる不思議な仕草って？

A 前足をふみふみする時、毛布を噛んでいます

前足ふみふみは、ネコちゃんが子猫の時に母乳をたくさん出すための行動が残っていると考えられています。大人になってからもやるネコちゃんは多く、プリンちゃんも時々やりますが、その時に必ず毛布や布などをくわえているそうです。不思議でかわいい仕草ですね！

動画をcheck！

Q 理解できない、不思議な行動とは？

A1 引っ張ると伸びをします

上からプリンちゃんを引っ張って抱っこする時、ついでに伸びをします。自分で伸びをすればよいのに、なぜ人がひっぱるとやるのでしょう？　謎ですね！

A2 キッチン台の上が気になります

ママがキッチンで何かをしていると、鳴いたり、足元にしがみついてきます。抱き上げて見せれば、納得してくれるそうですが、なぜ見たいのかな？

動画をcheck！

A3 お風呂場で謎の行動をします

お風呂は苦手なのに、なぜかお風呂場を見たがります。お風呂場の前で「にゃにゃ」と鳴くので、ママが扉を開けると入ってきて、真剣に探検します！

動画をcheck！

教えて！プリンちゃん！

Webで見えない
プリンちゃんの本音って何？

今、
ごはんって言った？

Q ママが察している プリンちゃんの本音は？

A ごはんが大好き！

ママによると「ごはんのことを考えている時間は、長いと思います」と分析。時々、食べ終わって心から満足すると、幸せをかみしめるために、ひとり孤独を愛する男になることも！

Q プリンちゃんについて意外だなと思うところは？

A 一途なところと気まぐれなところの両面が！

お出迎えに関しては、一生懸命で一途です。でも、大好きなブラッシングをしているのにテンションが上がって遊びモードに入ってしまうなど、意外と気まぐれで自由奔放な面もあります。

Q プリンちゃんのモットーは何？

A 心の動きに正直！

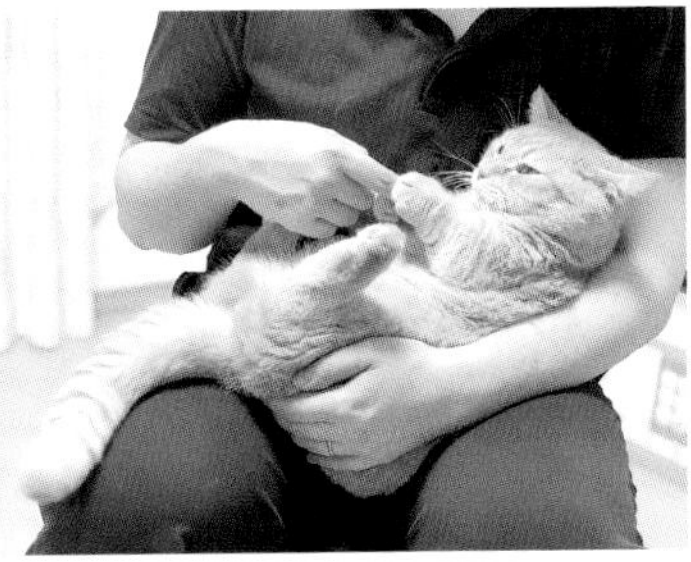

プリンちゃんはマイペースで、好きなことには一途です。パパとママが大好きで甘えたい、食べるのが幸せ、いつもゆっくり眠りたい……自分の気持ちに正直で、嘘や偽りのない世界に生きています。だからこそ、これほど多くの人々がプリンちゃんに夢中になれるのかもしれませんね。

コラム

ハッピー・ハロウィーン！

トリックオアトリートと聞こえた？

「小悪魔の羽」

ハロウィーンの仮装で使った小悪魔の羽は、ガチャの商品です。他にも黒いとんがり帽子や「どくろ」のついた重たい被り物など、たくさんのハロウィーンの仮装の写真を撮影してきました。

小悪魔のコスプレでパパをお迎えしたプリンちゃん。その時に鳴いた声が「トリックオアトリート！」と聞こえると大評判になりました。ぜひその声はYouTubeで視聴してみてくださいね。

こうしたたくさんの被り物の中にはガチャで獲得したものも多く、お目当ての物をゲットするために、ママとパパは苦労されているとか。特に56ページのサンリオの「ポムポムプリン」を狙って、たくさん回したそうです。でも、残念ながらこの被り物は現在、家の中で紛失中。貴重な写真となってしまいました。

ハンドメイド好きなママさんが、プリンちゃんのために手作りした被り物もたくさん。「時間があったら、もっとたくさん作りたいな」とママは言っているので、これからも楽しみですね。

動画をcheck！

番外編

プリンちゃん
動画クイズ！

何問わかるかな？

ファンなら絶対にわかる

プリンちゃん動画クイズ！

～まずは初級編～

プリンちゃんの動画は毎回チェックしているはずの皆さん、そんな皆さんのプリンちゃん愛を確かめるコーナー。観ていればわかる問題ばかりですよ！

Q1 帰宅したママはまずプリンちゃんのどこを撫でたでしょう？

すごく寂しかったです（；＿；）

1 頭

2 お腹

3 背中

答えはここから

Q2 いつも優しいプリンちゃんが豹変しちゃった原因は？

そんなもの…
こうしてやる！

1 お腹が空いたから

2 ママが構ってくれないから

3 ママの爪切り

答えはここから

Q3 短いお留守番中プリンちゃんはひとりで何をしていた？

1 ずっと遊んでいた

2 ずっと寝ていた

3 ずっとぼーとしていた

答えはここから

ママ…♥

Q4 爪切りの時の様子をママはなんて例えた？

1 注射を見たくない子ども

2 ホラー映画が嫌いな女子高生

3 ギックリ腰のパパ

答えはここから

ファンなら絶対にわかる

プリンちゃん動画クイズ！

～ちょっと応用編～

かわいくて、笑わせてくれて、とことん和めるプリンちゃん。モニターの前で悶絶する人も多いかな？　そんなプリンちゃんの行動を思い浮かべて次の問題！

Q1 ママのお姉さんに会った時の反応は？

1 もじもじ

2 くねくね

3 たじたじ

答えはここから

Q2 動画内で短足マンチカン立ち何秒立つことができた？

1 4秒

2 7秒

3 9秒

答えはここから

Q3 気持ちが高まっている時にやる癖は？

1 足踏みする癖

2 転がる癖

3 噛み付く癖

答えはここから

Q4 子どものころから変わらず好きなものは？

1 猫じゃらし

2 タオル

3 ネジネジ

たまら〜ん！

答えはここから

Q5 プリンちゃんを〇〇さ〜んと呼んだらなにで来た？

1 ひょっこりさん

2 ぽっちゃりさん

3 いい子さん

答えはここから

ファンなら絶対にわかる

プリンちゃん動画クイズ！

〜意外と上級者編〜

どうでしたか？皆さんにとっては簡単な問題ばかりでしたね。次はちょっと細かいところもチェックして。気を付けて見ていれば、絶対わかるはずですよ。

Q1 お風呂の扉の隙間から外に向かって叫んだセリフは？

1 だしてー！

2 バカやろー！

3 やってられねー！

答えはここから

Q2 飼い主を起こすためにプリンちゃんがとる行動は？

1 頭突き

2 お腹の上に乗る

3 ふみふみ

答えはここから

Q3 プリンちゃんが今まで ウェットフードを食べなかった原因は？

これ…
嫌いなんです

1 食わず嫌い

2 食感が嫌

3 匂いが苦手

答えはここから

Q4 プリンちゃんが言った 今日のラッキーカラーは？

おかえり♪
にゃっは！
ぴえーん
待ってたよ！

1 あか

2 きいろ

3 あお

答えはここから

ファンなら絶対にわかる

プリンちゃん動画クイズ！

～番外編～

今回は、編集者が厳選したクイズです！　季節のイベントごとに披露されるプリンちゃんについてや、あの神回について出題！

Q1 パパとママ同時に帰ってきた時プリンちゃんはどっちに寄って行った？

1 やっぱりパパ

2 やっぱりママ

3 どちらも！

答えはここから

Q2 病院に行きたくないプリンちゃんが隠れた場所は？

1 おふとんのなか

2 ソファの下

3 カーテンの裏

答えはここから

Q3 ハロウィンで着たコスチュームは？

1 カボチャ

2 小悪魔

3 おばけ

答えはここから

あなたはどれだけプリンちゃんのことを知っていた？

全問正解	達人	プリンちゃんマスターといっても過言ではない。 実はプリンちゃんを飼っていた？
12 問以上正解	プロ	プリンちゃんのプロのあなた！次回は達人を目指そう！
8 問以上正解	アマチュア	プリンちゃんについてはアマチュアなあなた！ 隅々まで動画を見てプリンちゃんをチェックしよう！
5 問以上正解	一般人	プリンちゃんについて、もっといっぱい知っていこう！
0 問以上正解	新人さん	プリンちゃんについてはまだまだなあなた。ぜひ、 いろんな動画を見てみてプリンちゃんの魅力を知ろう！

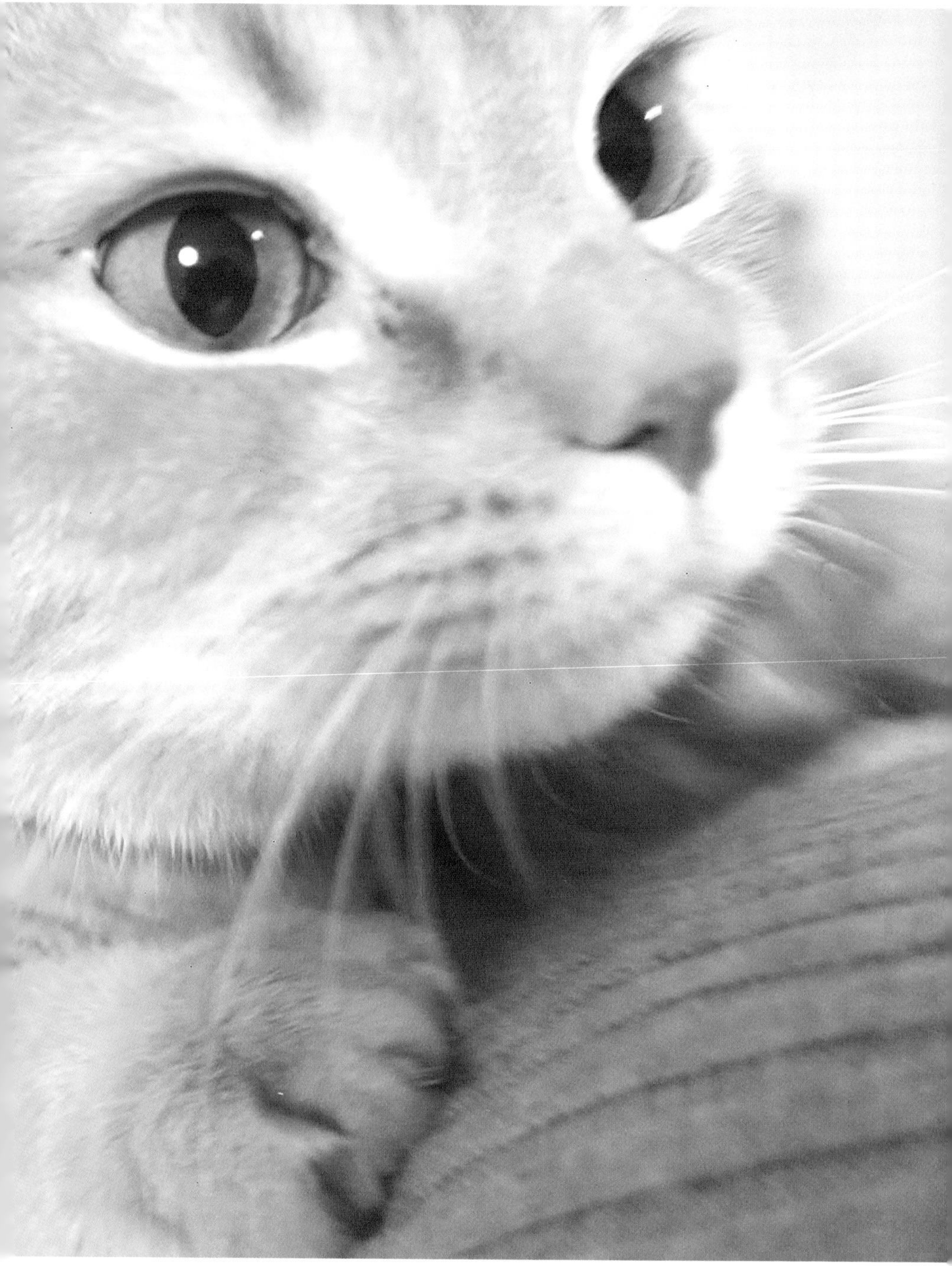

プリンちゃん
オフショット

プリンちゃん
オフショット

プリンちゃん
オフショット

プリンちゃん
オフショット